新 编 项 目 式 培 训 教 材

U0692342

中文版
After Effects 2024
基础培训教程

数字艺术教育研究室 编著

人民邮电出版社
北 京

图书在版编目（CIP）数据

中文版 After Effects 2024 基础培训教程 / 数字艺
术教育研究室编著. -- 北京 ：人民邮电出版社,2025.
ISBN 978-7-115-66610-9

I. TP391.413

中国国家版本馆 CIP 数据核字第 20256H0Q24 号

内 容 提 要

本书全面、系统地介绍 After Effects 2024 的基本操作方法和影视后期制作的技巧，包括 After Effects 入门、图层的应用、制作蒙版动画、应用"时间轴"面板制作效果、创建文字、应用效果、跟踪与表达式、抠像、添加声音效果、制作三维合成特效、渲染与输出、商业案例实训等内容。

本书以任务实践为主线，通过对各任务实际操作的讲解，帮助读者快速熟悉软件功能和影视后期制作的思路。书中的任务知识部分可以帮助读者深入学习软件功能和影视后期制作的技巧；项目实践和课后习题部分可以提高读者的实际应用能力；商业案例实训部分可以帮助读者快速掌握影视后期设计的理念，使读者顺利达到实战水平。

本书附带学习资源，包括书中案例的素材、效果文件及在线教学视频，以及基础素材包和扩展案例。另外，专为教师提供教学资料，包括教学大纲、教学教案、PPT 课件及教学题库等。

本书适合作为各院校和培训机构艺术专业相关课程的教材，也可作为 After Effects 自学人士的参考书。

◆ 编　　著　数字艺术教育研究室
责任编辑　张丹丹
责任印制　陈　犇

◆ 人民邮电出版社出版发行　　　北京市丰台区成寿寺路 11 号
邮编　100164　电子邮件　315@ptpress.com.cn
网址　https://www.ptpress.com.cn
涿州市京南印刷厂印刷

◆ 开本：787×1092　1/16
印张：14.5　　　　　　　　2025 年 9 月第 1 版
字数：350 千字　　　　　　2025 年 9 月河北第 1 次印刷

定价：59.80 元

读者服务热线：(010)81055410　印装质量热线：(010)81055316
反盗版热线：(010)81055315

前 言

软件简介

　　After Effects是由Adobe公司开发的一款动态图形和视觉特效制作软件。After Effects拥有强大的视频编辑和动画制作工具，可以创建影片字幕、片头片尾和过渡效果，能够完成视频特效和动画的设计与制作等工作，深受影视后期制作人员、动画设计师和影视制作爱好者的喜爱，广泛应用于电视台、影视后期公司、动画制作公司、新媒体工作室等视频编辑和设计机构。

如何使用本书

01 **精选基础知识，快速了解 After Effects 2024**

基础知识

1.1.1 菜单栏

　　菜单栏几乎是所有软件都有的重要界面要素之一，它包含了软件全部功能的操作命令。After Effects 2024的菜单栏提供了9项菜单，分别为文件、编辑、合成、图层、效果、动画、视图、窗口、帮助，如图1-10所示。

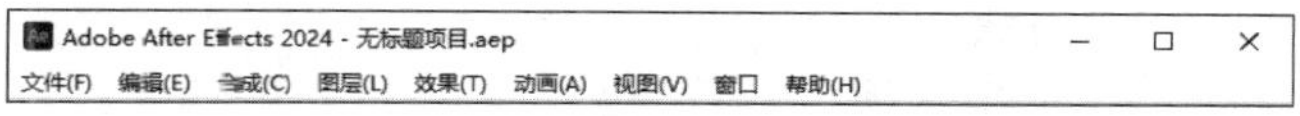

　　Adobe After Effects 2024 - 无标题项目.aep　　　　　　□　×
　　文件(F)　编辑(E)　合成(C)　图层(L)　效果(T)　动画(A)　视图(V)　窗口　帮助(H)

图1-10

02 **任务实践 + 任务知识，边做边学软件功能，熟悉设计思路**

了解任务目标和任务要点

任务实践 制作秋季插画效果

任务目标 学习使用"时间轴"面板调整图层顺序。

任务要点 使用"新建合成"命令创建合成，使用"导入"命令导入素材文件，使用"时间轴"面板调整图层的顺序及图层的出场时间。最终效果参考学习资源中的"项目2\制作秋季插画效果\制作秋季插画效果.aep"，如图2-2所示。

精选典型商业案例

图2-2

操作步骤详解

任务操作

01 选择"合成 > 新建合成"命令，弹出"合成设置"对话框，在"合成名称"文本框中输入"最终效果"，其他选项的设置如图2-3所示，单击"确定"按钮，创建一个新的合成。

02 选择"文件 > 导入 > 文件"命令，在弹出的"导入文件"对话框中，选择学习资源中的"项目2\制作秋季插画效果\（Footage）\01.jpg、02.png~04.png、05.jpg、06.png~09.png"文件，如图2-4所示，单击"导入"按钮，将选中的文件导入"项目"面板。

完成任务实践后深入学习任务知识

2.2.5 让图层适合合成图像的尺寸

选择图层，选择“图层 > 变换 > 适合复合”命令或按Ctrl+Alt+F快捷键，可以使图层尺寸完全适合合成图像的尺寸，如图2-28所示。如果图层的长宽比与合成图像的长宽比不一致，将导致图层中的图像变形。

选择“图层 > 变换 > 适合复合宽度”命令或按Ctrl+Alt+Shift+H快捷键，可以使图层的宽度适合合成图像的宽度，如图2-29所示。

选择“图层 > 变换 > 适合复合高度”命令或按Ctrl+Alt+Shift+G快捷键，可以使图层的高度适合合成图像的高度，如图2-30所示。

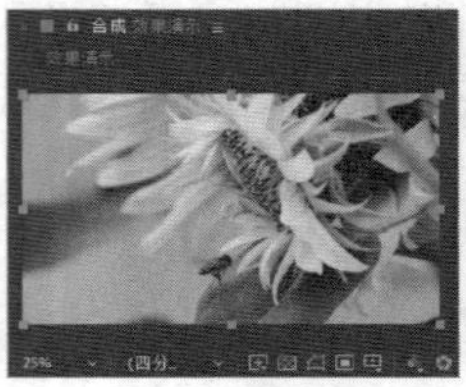

图2-28

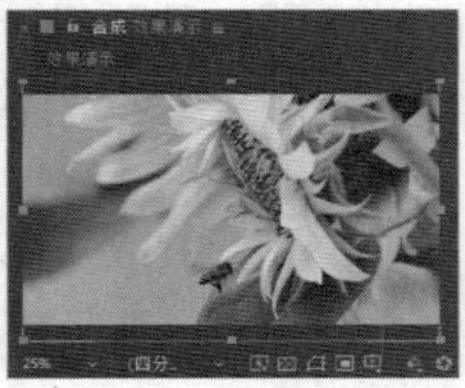

图2-29

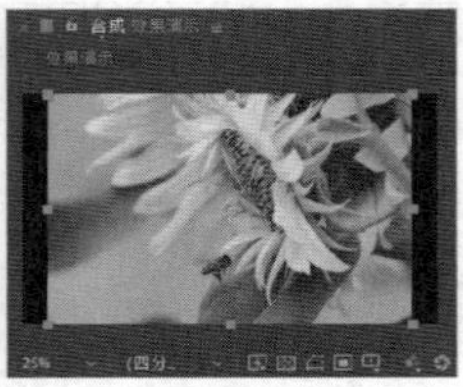

图2-30

03 项目实践 + 课后习题，拓展应用能力

更多商业案例

项目实践 制作环保动画

项目要点 使用“位置”属性确定图像的位置，使用“旋转”属性制作风车动画效果，使用“位置”属性制作云朵运动效果。最终效果参考学习资源中的“项目2\制作环保动画\制作环保动画.aep”，如图2-115所示。

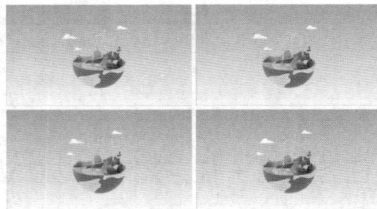

图2-115

巩固本项目所学知识

课后习题 制作风筝飞舞动画

习题要点 使用“导入”命令导入素材，使用“位置”属性制作风筝动画，使用“缩放”属性制作云朵运动效果。最终效果参考学习资源中的“项目2\制作风筝飞舞动画\制作风筝飞舞动画.aep”，效果如图2-116所示。

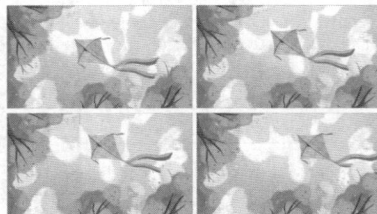

图2-116

广告宣传片

电视纪录片

电视栏目

节目片头

电视短片

教学指导

本书的参考学时为64学时，其中讲授环节为38学时，实训环节为26学时，各项目的参考学时可以参见下面的学时分配表。

项　目	内　容	学时分配	
		讲授	实训
项目 1	After Effects 入门	2	0
项目 2	图层的应用	4	2
项目 3	制作蒙版动画	4	2
项目 4	应用"时间轴"面板制作效果	4	2
项目 5	创建文字	2	2
项目 6	应用效果	4	2
项目 7	跟踪与表达式	2	2
项目 8	抠像	2	2
项目 9	添加声音效果	4	2
项目 10	制作三维合成特效	4	2
项目 11	渲染与输出	2	0
项目 12	商业案例实训	4	8
学 时 总 计		38	26

配套资源

● 学习资源　　案例素材文件　　最终效果文件　　在线教学视频　　基础素材包　　扩展案例

● 教学资源　　教学大纲　　授课计划　　教学教案　　PPT 课件

　　　　　　　教学案例　　实训项目　　教学视频　　教学题库

教辅资源

本书提供的教辅资源可参见下面的教辅资源表。

资源类型	数量	资源类型	数量
教学大纲	1 套	任务实践	33 个
教学教案	12 个	项目实践	14 个
PPT 课件	12 个	课后习题	14 个

这些资源均可在线获取，扫描"资源获取"二维码，关注微信公众号，即可得到资源获取方式，并且可以通过该方式获得"在线教学视频"的观看地址。

提示：用微信扫描二维码并关注公众号后，输入51页左下角的5位数字，可获得资源获取帮助。

由于编者水平有限，书中难免存在不妥之处，敬请广大读者批评指正。

资源获取

目 录

Contents

项目7 跟踪与表达式

项目8 抠像

项目9 添加声音效果

项目 1

After Effects入门

本项目旨在帮助读者熟悉After Effects 2024的工作界面，了解软件相关的基础知识、文件格式、视频的输出和参数设置。通过对本项目的学习，读者可以快速了解并掌握After Effects的入门知识，为后面的学习打下坚实的基础。

学习目标

- 熟悉After Effects 2024的工作界面
- 了解软件相关的基础知识
- 了解文件格式和视频的输出

技能目标

- 掌握软件的基础操作
- 掌握视频文件的输出设置方法

素养目标

- 培养理解并应用基础术语的能力
- 培养在学习After Effects的过程中加强兴趣的能力
- 培养获取After Effects新知识的基本能力

任务1.1 熟悉After Effects 2024的工作界面

After Effects允许用户定制工作界面的布局，用户可以根据需要移动和重新组合工作界面中的面板。下面将详绍介绍常用的面板。

任务实践 制作儿童乐园效果

任务目标 学习使用不同的工具和面板，了解工作界面。

任务要点 使用"新建合成"命令创建合成，使用"导入"命令导入素材文件，使用选取工具缩放视频画面，使用横排文字工具输入文字，使用"字符"面板设置文字的属性。最终效果参考学习资源中的"项目1\制作儿童乐园效果\制作儿童乐园效果.aep"，如图1-1所示。

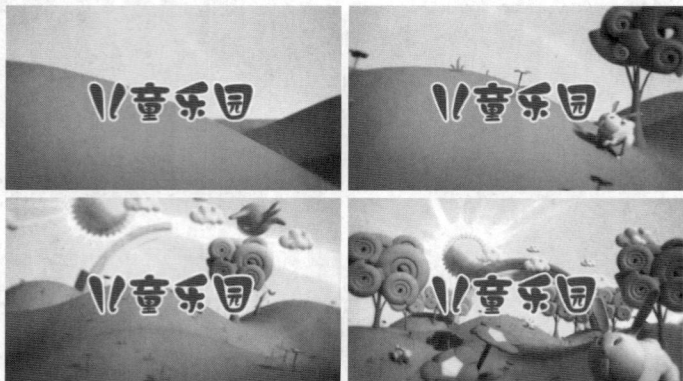

图1-1

任务操作

01 打开After Effects 2024，选择"合成 > 新建合成"命令，弹出"合成设置"对话框，在"合成名称"文本框中输入"最终效果"，其他选项的设置如图1-2所示，单击"确定"按钮，创建一个新的合成。

02 选择"文件 > 导入 > 文件"命令，弹出"导入文件"对话框，选择学习资源中的"项目1\制作儿童乐园效果\（Footage）\01.mp4"文件，单击"导入"按钮，把视频导入"项目"面板，如图1-3所示。

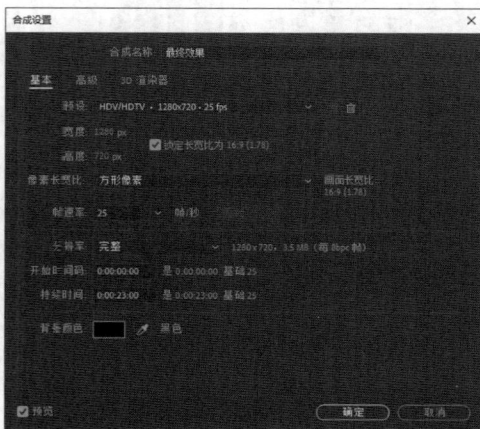

图1-2

图1-3

03 在"项目"面板中选中"01.mp4"文件,将其拖曳到"时间轴"面板中,如图1-4所示。"合成"面板中的效果如图1-5所示。

图1-4

图1-5

04 选中"01.mp4"图层,选择选取工具 ,按住Shift键,向右上方拖曳左下角的控制点,将其拖曳到适当的位置,缩小视频画面,如图1-6所示。"合成"面板中的效果如图1-7所示。

图1-6

图1-7

05 选择横排文字工具 ,输入文字"儿童乐园",选择"窗口 > 字符"命令,在弹出的"字符"面板中进行设置,如图1-8所示。"合成"面板中的效果如图1-9所示。

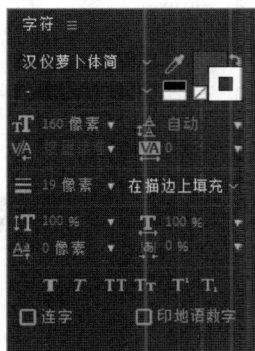

图1-8

图1-9

任务知识

1.1.1 菜单栏

菜单栏几乎是所有软件都有的重要界面要素之一，它包含了软件全部功能的操作命令。After Effects 2024的菜单栏提供了9项菜单，分别为文件、编辑、合成、图层、效果、动画、视图、窗口、帮助，如图1-10所示。

图1-10

1.1.2 "项目"面板

导入After Effects 2024的所有文件、创建的所有合成文件、图层等，都可以在"项目"面板中找到，并可以清楚地看到每个文件的名称、类型、大小、帧速率、入点、出点和文件路径等信息，选中某个文件，"项目"面板的上方会显示对应的缩略图和属性，如图1-11所示。

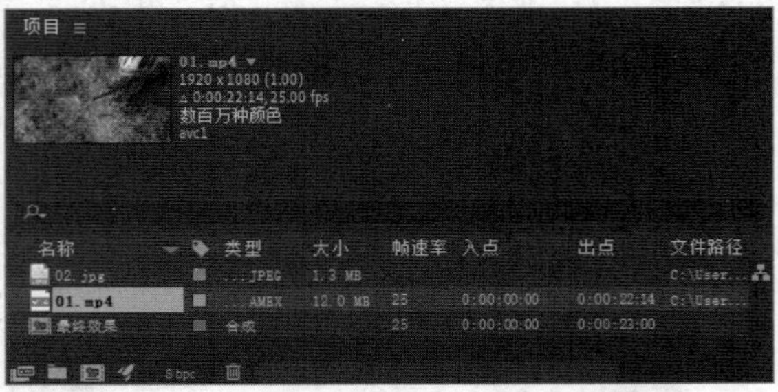

图1-11

1.1.3 "工具"面板

"工具"面板包含经常使用的工具，有些工具按钮的右下角带有三角形标记，表示这些工具含有多个工具选项，例如，在矩形工具■上按住鼠标左键，将会展开新的工具选项，移动鼠标指针可选择其中的工具。

"工具"面板如图1-12所示，包含选取工具▶、手形工具✋、缩放工具🔍、绕光标旋转工具🔄、在光标下移动工具➕、向光标方向推拉镜头工具⬇、旋转工具↻、向后平移（锚点）工具▦、矩形工具■、钢笔工具✒、横排文字工具T、画笔工具🖌、仿制图章工具🔖、橡皮擦工具◆、Roto笔刷工具🖊、人偶位置控点工具➶、本地轴模式🚶、世界轴模式🚶、视图轴模式🔲和缩放▣等。

图1-12

1.1.4 "合成"面板

"合成"面板可直接显示进行素材组合和效果处理后的合成画面。该面板不仅具有预览功能，还具有控制和管理素材、缩放画面、显示当前时间和分辨率、快速预览、显示目标区域、显示图层线框、切换3D视图模式和标尺等功能，是After Effects 2024中非常重要的面板，如图1-13所示。

图1-13

1.1.5　"时间轴"面板

在"时间轴"面板中可以精确设置合成中各个素材的位置、时间、效果和属性等，可以进行影片的合成，还可以调整图层的顺序和制作关键帧动画，如图1-14所示。

图1-14

任务1.2　了解软件相关的基础知识

在常见的影视制作中，素材的输入和输出格式设置的不统一、视频标准的多样化，都会导致视频产生变形、抖动等，甚至会使视频分辨率和像素比发生变化。因此在制作前需要了解清楚软件相关的基础知识。

任务实践　调整视频的饱和度

任务目标　学习使用不同的命令，掌握软件相关的基础知识。

任务要点　使用"导入"命令导入素材文件，使用"亮度和对比度"命令调整视频的亮度，使用"色相/饱和度"命令调整视频的饱和度。最终效果参考学习资源中的"项目1\调整视频的饱和度\调整视频的饱和度.aep"，如图1-15所示。

图1-15

任务操作

01 打开After Effects 2024，选择"文件 > 导入 > 文件"命令，弹出"导入文件"对话框，选择学习资源中的"项目´\调整视频的饱和度\（Footage）\01.mp4"文件，单击"导入"按钮，把视频导入"项目"面板。在"项目"面板中选择"01.mp4"文件，将其拖曳到面板下方的"新建合成"按钮 ▣ 上，如图1-16所示，创建一个合成。

02 按Ctrl+K快捷键，弹出"合成设置"对话框，在"合成名称"文本框中输入"最终效果"，其他选项的设置如图1-17所示，单击"确定"按钮完成设置。

图1-16　　　　　　　　　　　　　　　　　　图1-17

03 选择"效果 > 颜色校正 > 亮度和对比度"命令，在"效果控件"面板中进行参数设置，如图1-18所示。"合成"面板中的效果如图1-19所示。

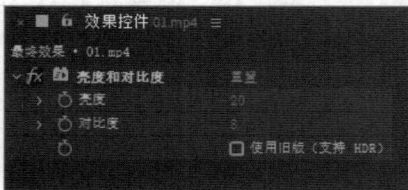

图1-18　　　　　　　　　　　　　　　　　　图1-19

04 选择"效果 > 颜色校正 > 色相/饱和度"命令，在"效果控件"面板中进行参数设置，如图1-20所示。"合成"面板中的效果如图1-21所示。

05 选择"文件 > 存储"命令，在弹出的"另存为"对话框中设置文件的保存路径，在"文件名"文本框中输入"调整视频的饱和度"，如图1-22所示。单击"保存"按钮保存文件。

图1-20　　　　　　　　　图1-21　　　　　　　　　图1-22

任务知识

1.2.1　像素比

不同规格的显示设备，像素的长宽比（简称像素比）是不一样的。在计算机中播放时，使用方形像素；在电视机中播放时，使用D1/DV PAL（1.09）的像素比，以保证在实际播放时画面不变形。

选择"合成 > 新建合成"命令，在打开的对话框中设置合适的像素比，如图1-23所示。

选择"项目"面板中的视频素材，选择"文件 > 解释素材 > 主要"命令，打开图1-24所示的对话框，在这里可以对导入的素材进行设置，包括设置Alpha、帧速率、场和像素长宽比等。

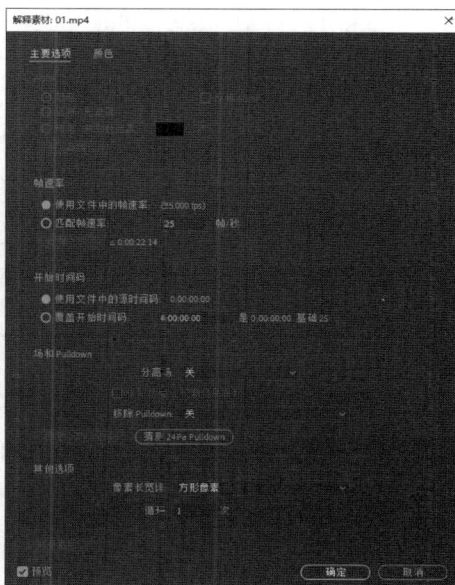

图1-23　　　　　　　　　　　　　　　　　图1-24

1.2.2　分辨率

分辨率过高的图像在制作时会占用大量的计算机资源，而分辨率过低的图像在播放时会不够清晰。

选择"合成 > 新建合成"命令，或按Ctrl+N快捷键，在弹出的对话框中可对分辨率进行设置，如图1-25所示。

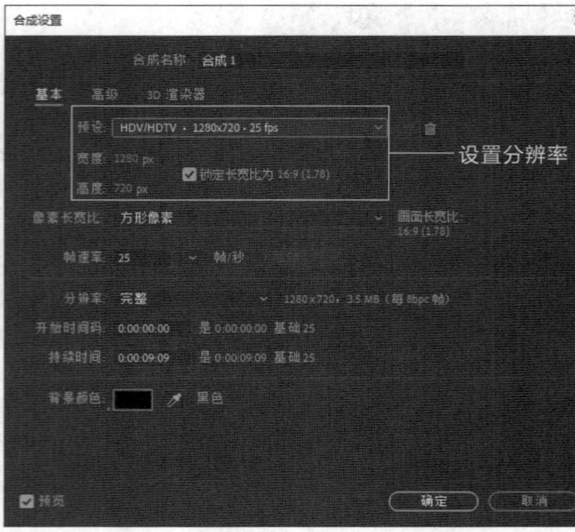

图1-25

1.2.3　帧速率

PAL制式的播放设备每秒可以播放25幅画面，也就是每秒25帧。只有使用正确的帧速率，才能流畅地播放动画。过高的帧速率会导致资源浪费，过低的帧速率会使画面播放不流畅，从而产生抖动。

选择"文件 > 项目设置"命令，或按Ctrl+Alt+Shift+K快捷键，在弹出的对话框中可对帧速率进行设置，如图1-26所示。

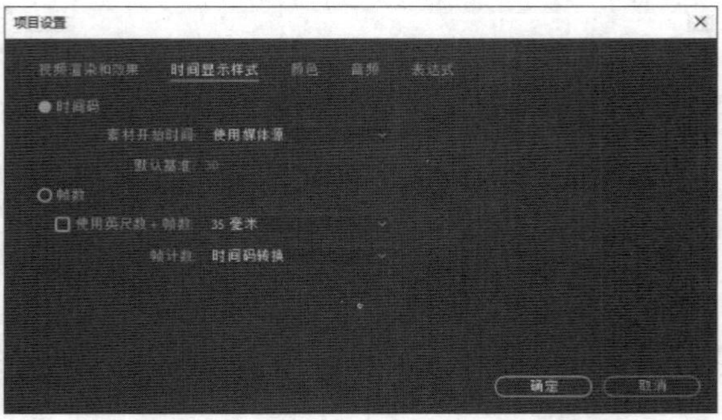

图1-26

提示 这里设置的是时间轴的显示方式。如果要按帧制作动画，可以选择以帧方式显示，这样不会影响最终的动画帧速率。

也可选择"合成 > 新建合成"命令，在弹出的对话框中设置帧速率，如图1-27所示。

选择"项目"面板中的视频素材，选择"文件 > 解释素材 > 主要"命令，在弹出的对话框中也可以修改帧速率，如图1-28所示。

提示 如果是动画序列，需要将帧速率设置为25帧/秒；如果是动画文件，则不需要修改，因为动画文件会自动包含帧速率信息，并且会被After Effects识别，修改会改变原有动画的播放速度。

图1-27　　　　　　　　　　　　　　　　图1-28

1.2.4　安全框

安全框以外的部分播放设备将不会显示，安全框以内的部分可以保证被完全显示。

单击"选择网格和参考线选项"按钮■，在弹出的列表中选择"标题/动作安全"选项，可显示安全框参考可视范围，如图1-29所示。

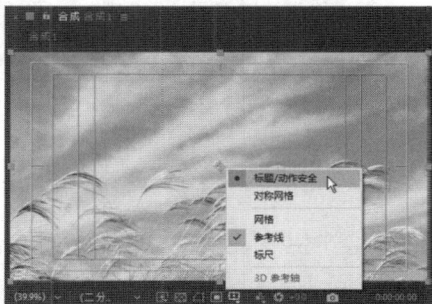

图1-29

1.2.5　场

场是隔行扫描的产物，扫描一幅画面时由上到下扫描，先扫描奇数行，再扫描偶数行，两次扫描完成一幅画面。由上到下扫描一次叫作一个场，一幅画面需要扫描两个场来完成。如果每秒播放25幅画面，则需要由上到下扫描50次，也就是每个场间隔1/50s。如果制作奇数行和偶数行间隔1/50s的有场图像，就可以在隔行扫描的帧速率为25帧/秒的电视机上显示50幅画面。画面多了自然流畅，跳动的感觉也会减弱，但是场会加重图像锯齿。

要在After Effects中导入有场的文件，可以选择"文件 > 解释素材 > 主要"命令，在弹出的对话框中进行设置，如图1-30所示。

提示 这个步骤叫作"分离场"，如果选择"高场优先"，并且在制作中加入后期效果，那么在最终渲染输出时，输出文件必须带场才能将"低场"加入后期效果，否则"低场"会被自动丢弃。

在After Effects中输出有场的文件的相关操作如下。

按Ctrl+M快捷键，弹出"渲染队列"面板，单击"最佳设置"按钮，在弹出的"渲染设置"对话框的"场渲染"下拉列表中选择输出场的方式，如图1-31所示。

如果出现画面跳格，那是因为将帧速率从30帧/秒转换成25帧/秒产生了帧丢失，需要选择3：2 Pulldown的场偏移方式。

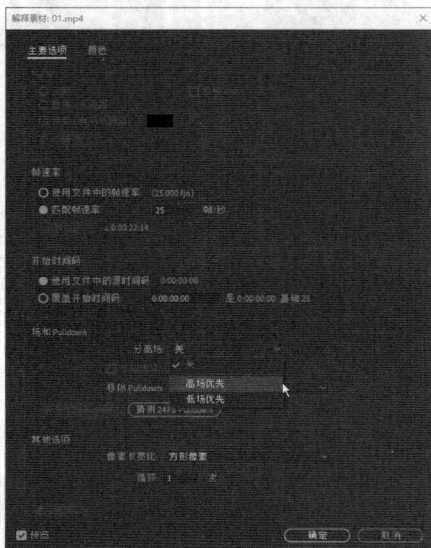

图1-30

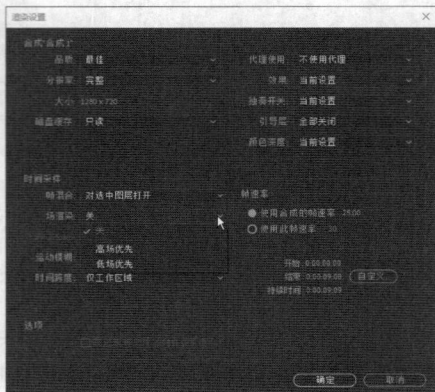

图1-31

1.2.6　运动模糊

运动模糊会产生拖尾效果，使每帧更接近，以减少每帧之间因为画面差距大而引起的闪烁或抖动，但这会降低图像的清晰度。

按Ctrl+M快捷键，弹出"渲染队列"面板，单击"最佳设置"按钮，在弹出的"渲染设置"对话框中可对运动模糊进行设置，如图1-32所示。

图1-32

1.2.7　帧混合

帧混合是用来消除画面轻微抖动的方法，虽然有场的素材也可以用来抗锯齿，但效果有限。After Effects中帧混合的设置如图1-33所示。

按Ctrl+M快捷键，弹出"渲染队列"面板，单击"最佳设置"按钮，在弹出的"渲染设置"对话框中可以设置帧混合参数，如图1-34所示。

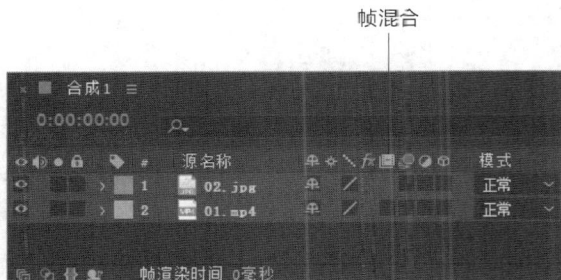

帧混合

图1-33

图1-34

1.2.8　抗锯齿

锯齿的出现会使图像粗糙，不精细。提高图像质量是解决锯齿的主要方法，但有场的图像需要通过添加运动模糊、降低清晰度来抗锯齿。

按Ctrl+M快捷键，弹出"渲染队列"面板，单击"最佳设置"按钮，在弹出的"渲染设置"对话框中可以设置抗锯齿参数，如图1-35所示。

如果是矢量图，则单击对应图层的"消隐-在时间轴中隐藏图层"按钮，一帧一帧地对矢量图的分辨率进行重新计算，如图1-36所示。

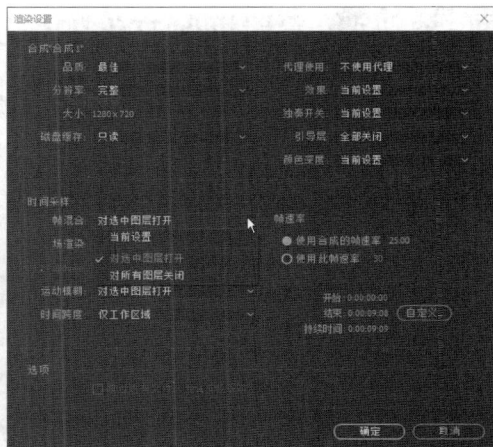

设置抗锯齿

图1-35

消隐-在时间轴中隐藏图层

图1-36

任务1.3　了解文件格式和视频的输出

After Effects 2024支持常用的图形图像文件格式、视频压缩编码格式、音频压缩编码格式等多种文件格式。另外，在对视频进行输出时，需要按照视频的输出要求对其进行一定的设置。

任务实践 设置视频文件的输出

任务目标 学习使用"渲染队列"面板输出视频文件。

任务要点 使用"打开项目"
命令打开素材文件，使用"添加
到渲染队列"命令输出视频文
件。最终效果参考学习资源中的
"项目1\设置视频文件的输出\设
置视频文件的输出.aep"，如图
1-37所示。

图1-37

任务操作

01 打开After Effects 2024，选择"文件 > 打开项目"命令，弹出"打开"对话框，选择学习资源中的
"项目1\设置视频文件的输出\设置视频文件的输出.aep"文件，如图1-38所示，单击"打开"按钮打
开文件。"合成"面板中的效果如图1-39所示。

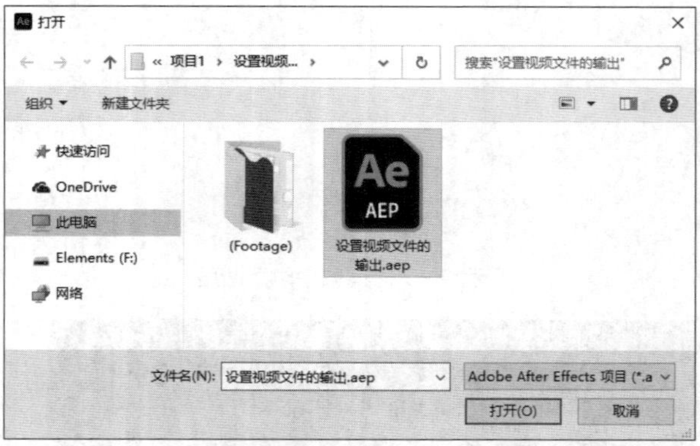

图1-38

图1-39

02 选择"合成 > 添加到渲染队列"命令，打开"渲染队列"面板，如图1-40所示。

图1-40

03 在"渲染队列"面板中，单击"输出模块"右侧的"H.264-匹配渲染设置-15 Mbps"，在弹出的"输出模块设置"对话框中对视频输出格式进行设置，如图1-41所示，单击"确定"按钮完成设置。在"渲染队列"面板中，单击"输出到"右侧的"尚未指定"，在弹出的"将影片输出到："对话框中选择文件的保存位置，如图1-42所示，单击"保存"按钮完成设置。

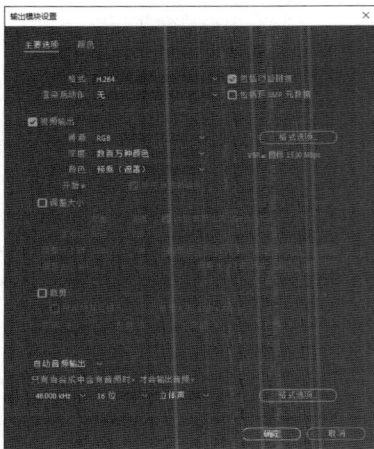

图1-41　　　　　　　　　　　　　　　　图1-42

04 在"渲染队列"面板中，单击"渲染"按钮，对文件进行渲染输出，如图1-43所示。打开指定的输出文件夹，可以看到输出后的文件，如图1-44所示，双击该文件即可播放。

图1-43

图1-44

任务知识

1.3.1　常用图形图像文件格式

1. GIF

　　GIF是一种存储8位图像的文件格式，支持图像的透明背景，并采用无损压缩技术，多用于网页制作和网络数据传输。

2. JPEG格式

　　JPEG格式采用静止图像压缩编码技术，是目前网络上应用较广的图像文件格式，支持不同程度的压缩比。

3. PSD格式

PSD格式是Adobe公司开发的图像处理软件Photoshop所使用的图像文件格式，它能保留Photoshop制作流程中各图层的图像信息。现在有很多图像处理软件开始支持这种文件格式。

4. FLM格式

FLM格式是Premiere的一种图像文件输出格式。从Premiere中可将视频片段输出成序列帧图像，每帧图像的左下角会显示时间编码，该编码遵循电影电视工程师协会（Society of Motion Picture and Television Engineers，SMPTE）标准；右下角则显示帧编号。FLM格式的图像可以在Photoshop中进行处理。

5. EPS格式

EPS文件包含矢量图和位图，EPS格式几乎支持所有的图形和页面排版程序。EPS格式用于在应用程序间传输PostScript语言图稿。比如，在Photoshop中打开使用其他程序创建的包含矢量图的EPS文件时，Photoshop会对该文件进行栅格化，将矢量图转换为位图。EPS格式支持多种颜色模式，还支持剪贴路径，但不支持Alpha通道。

6. PNG格式

PNG格式是用于无损压缩和在Web上显示图像的文件格式，是GIF的无专利替代品，它支持24位图像且能产生无锯齿状边缘的透明背景，还支持无Alpha通道的RGB、索引颜色、灰度和位图模式的图像。

1.3.2 常用视频压缩编码格式

1. AVI格式

AVI格式即音频视频交错格式，"音频视频交错"就是将视频和音频交织在一起同步播放。这种视频格式的优点是图像质量好，可以跨多个平台使用；缺点是体积过于庞大，压缩标准不统一，因此经常会遇到一些问题，如高版本Windows媒体播放器播放不了采用早期编码编辑的AVI格式的视频，而低版本Windows媒体播放器又播放不了采用最新编码编辑的AVI格式的视频。

2. DV-AVI格式

DV-AVI格式可以通过计算机的IEEE 1394端口将视频数据传输到计算机，也可以将计算机中编辑好的视频数据回录到数码摄像机中。这种视频格式的文件扩展名一般也是.avi，所以人们习惯叫它DV-AVI格式。

3. MPEG格式

MPEG格式是运动图像压缩算法的国际标准，采用有损压缩方法，从而减少运动图像中的冗余信息。

4. H.264格式

H.264是由国际标准化组织/国际电工委员会（International Organization for Standardization /

International Electrotechnical Commission，ISO/IEC）与国际电信联盟电信标准分局（International Telecommunication Union-Telecommunication Standardization Sector，ITU-T）组成的联合视频编码组（Joint Video Team，JVT）制定的新一代视频压缩编码标准。在ISO/IEC中该标准被命名为高级视频编码（Advanced Video Coding，AVC），作为MPEG-4标准的第10个选项，在ITU-T中被正式命名为H.264标准。

H.264和H.261、H.263一样，也采用离散余弦变换（Discrete Cosine Transform，DCT）的变换编码加差分脉冲编码调制（Differential Pulse Code Modulation，DPCM）的差分编码，即混合编码结构。同时，H.264在混合编码的框架下引入新的编辑方式，提高了编辑效率，更贴近实际应用。

H.264没有烦琐的选项，具有比H.263++更好的压缩性能，以及适应多种信道的能力。

H.264应用广泛，可满足各种不同速率、不同场合的视频应用，具有良好的抗误码和抗丢包的处理能力。

H.264的基本系统具有开放的性质，能很好地适应互联网协议（Internet Protocol，IP）和无线网络的使用环境，这对目前在互联网中传输多媒体信息、在移动互联网中传输宽带信息等都具有重要意义。

H.264标准使运动图像压缩技术上升到了一个更高的阶段，在较低带宽上提供高质量的图像传输是H.264的应用亮点。

5. MOV格式

MOV格式文件默认的播放器是苹果公司开发的QuickTime Player，具有较高的压缩比和较完美的视频清晰度等特点，但其最大的特点还是跨平台，即不仅支持macOS，还支持Windows系列。

1.3.3 常用音频压缩编码格式

1. WAV格式

WAV是微软公司开发的一种声音文件格式，它符合资源交换文件格式（Resource Interchange File Format，RIFF）规范，用于保存Windows平台的音频资源，被Windows平台及其应用程序支持。WAV格式支持Microsoft ADPCM、CCITT A_Law等多种压缩算法，支持多种音频位数、采样频率和声道。标准格式的WAV文件和CD格式的文件一样，采样频率为44.1kHz、速率为88kbit/s、量化位数为16位。

2. MP3格式

MP3是MPEG标准中的音频部分，也就是MPEG音频层，根据压缩质量和编码处理的不同可将其分为3层，分别对应MP1、MP2、MP3这3种格式的声音文件。

提示 MPEG音频文件的压缩是一种有损压缩，MPEG-3音频编码具有1∶10～1∶12的高压缩比，同时基本保持低频部分不失真，但它降低了声音文件中高频（即12kHz～16kHz）部分的质量来换取文件的尺寸。

相同时长的声音文件，如果用MP3格式来存储，其大小一般只有WAV格式的声音文件的1/10，当然音质也次于WAV格式的声音文件。

3. WMA格式

WMA格式的音频文件的音质要强于MP3格式，它以减少数据流量但保持音质的方法来达到比MP3格式的压缩比高的目的，WMA格式的压缩比一般可以达到1∶18左右。

WMA格式的另一个优点是内容提供商可以通过数字权利管理（Digital Rights Management，DRM）方案，如Windows Media Rights Manager 7加入防复制保护。这种内置的版权保护技术可以限制音频文件的播放时间、播放次数甚至播放的设备等，这对音乐公司来说是一个福音。另外，WMA格式还支持音频流（Stream）技术，适合在线播放。

1.3.4 视频的输出设置

按Ctrl+M快捷键，弹出"渲染队列"面板，单击"输出模块"右侧的"H.264-匹配渲染设置-15 Mbps"，弹出"输出模块设置"对话框，在这个对话框中可以对视频的输出格式及其相应的编码方式、视频大小、画面比例以及音频输出等进行设置，如图1-45所示。

格式： 在"格式"下拉列表中可以选择输出格式。输出图片序列时，一般选择TGA格式；输出视频成片时，使用AVI或MOV格式；输出贴图或静态图像时，使用TIF或PIC格式。

格式选项： 输出图片序列时，可以选择输出颜色位数；输出影片时，可以设置压缩方式和压缩比。

图1-45

1.3.5 视频文件的打包设置

使用"打包"命令可以自动把多个文件收集在一个目录中。

选择"文件 > 整理工程（文件）> 收集文件"命令，在弹出的对话框中单击"收集"按钮，如图1-46所示，即可完成打包操作。

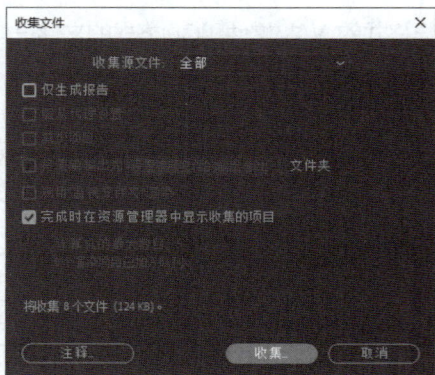

图1-46

项目 2

图层的应用

本项目旨在帮助读者掌握After Effects 2024中图层的应用与操作。通过对本项目的学习，读者可以充分理解图层的概念，并能够掌握图层的基本操作和使用技巧。

学习目标

- 理解图层的概念
- 掌握图层的基本操作
- 掌握图层的5个基本变换属性和关键帧动画

技能目标

- 掌握"秋季插画效果"的制作方法
- 掌握"节日小动画"的制作方法

素养目标

- 培养使用图层实现创意目标的能力
- 培养在操作图层的过程中发挥创造力，将不同的效果和动画组合的能力
- 培养熟练运用图层进行动画制作的能力

任务2.1 理解图层的概念

在After Effects 2024中，无论是制作合成动画，还是进行效果处理等操作，都离不开图层，因此制作动态影像的第一步就是了解和掌握图层。"时间轴"面板中的素材都是以图层的形式按照上下位置关系依次排列的，如图2-1所示。

图2-1

可以将图层想象为层层叠放的透明胶片，上层有内容的地方将遮盖住下层相同位置的内容，而上层没有内容的地方则露出下层相同位置的内容；如果上层处于半透明状态，将依据半透明程度混合显示下层的内容，这是图层之间最基本的关系。图层与图层之间还存在着更为复杂的合成关系，如叠加模式、蒙版合成方式等。

任务2.2 掌握图层的基本操作

我们可以对图层进行多种基本操作，如改变图层的顺序、复制图层与替换图层、给图层加标记、让图层适合合成图像的尺寸、对齐图层和自动分布图层等。

任务实践 制作秋季插画效果

任务目标 学习使用"时间轴"面板调整图层顺序。

任务要点 使用"新建合成"命令创建合成，使用"导入"命令导入素材文件，使用"时间轴"面板调整图层的顺序及图层的出场时间。最终效果参考学习资源中的"项目2\制作秋季插画效果\制作秋季插画效果.aep"，如图2-2所示。

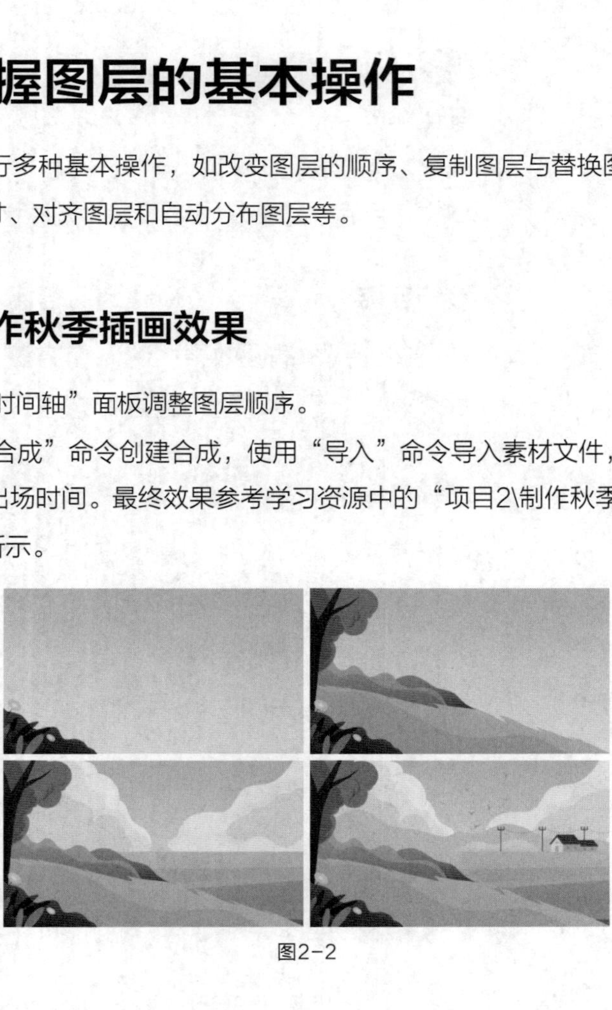

图2-2

任务操作

01 选择"合成 > 新建合成"命令，弹出"合成设置"对话框，在"合成名称"文本框中输入"最终效果"，其他选项的设置如图2-3所示，单击"确定"按钮，创建一个新的合成。

02 选择"文件 > 导入 >文件"命令，在弹出的"导入文件"对话框中，选择学习资源中的"项目2\制作秋季插画效果\（Footage）\01.jpg、02.png~04.png、05.jpg、06.png~09.png"文件，如图2-4所示，单击"导入"按钮，将选中的文件导入"项目"面板。

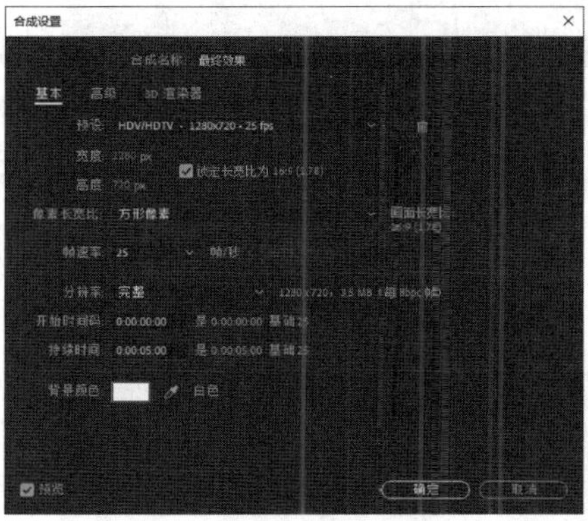

图2-3

图2-4

03 在"项目"面板中选中导入的所有文件，将它们拖曳到"时间轴"面板中，图层的排列顺序如图2-5所示。"合成"面板中的效果如图2-6所示。

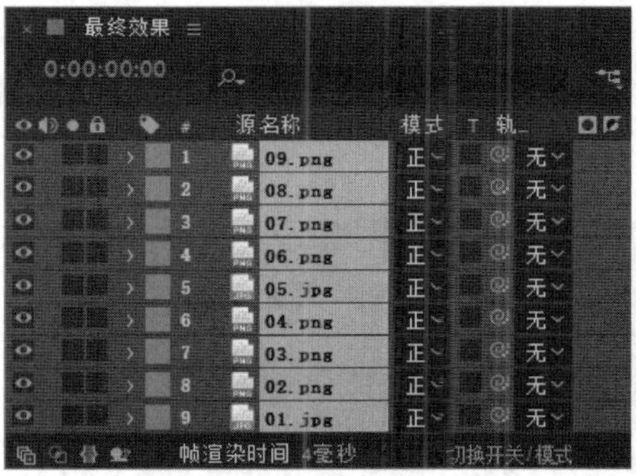

图2-5

图2-6

04 将时间标签放置在0:00:00:05的位置，在"时间轴"面板中，选中"02.png"图层，按 [键，设置动画的入点；按P键，展开"位置"属性，设置"位置"为133.2,630.9，如图2-7所示。

图2-7

05 将时间标签放置在0:00:00:10的位置，在"时间轴"面板中，选中"03.png"图层，将其拖曳到"02.png"图层的下方，按 [键，设置动画的入点；按P键，展开"位置"属性，设置"位置"为73.5,329.7，如图2-8所示。

图2-8

06 将时间标签放置在0:00:00:15的位置，在"时间轴"面板中，选中"04.png"图层，将其拖曳到"03.png"图层的下方，按 [键，设置动画的入点；按P键，展开"位置"属性，设置"位置"为558.5,506.8，如图2-9所示。

图2-9

07 将时间标签放置在0:00:00:20的位置，在"时间轴"面板中，选中"05.jpg"图层，将其拖曳到"04.png"图层的下方，按 [键，设置动画的入点；按P键，展开"位置"属性，设置"位置"为639.1,561.8，如图2-10所示。

图2-10

08 将时间标签放置在0:00:01:05的位置，在"时间轴"面板中，选中"06.png"图层，将其拖曳到"05.jpg"图层的下方，按 [键，设置动画的入点；按P键，展开"位置"属性，设置"位置"为641.9,351.5，如图2-11所示。

图2-11

09 将时间标签放置在0:00:01:00的位置，在"时间轴"面板中，选中"07.png"图层，将其拖曳到"06.png"图层的下方，按 [键，设置动画的入点；按P键，展开"位置"属性，设置"位置"为736.6,167.7，如图2-12所示。

图2-12

10 将时间标签放置在0:00:01:10的位置，在"时间轴"面板中，选中"08.png"图层，按 [键，设置动画的入点；按P键，展开"位置"属性，设置"位置"为1041.4,341.0，如图2-13所示。

图2-13

11 将时间标签放置在0:00:01:15的位置，在"时间轴"面板中，选中"09.png"图层，按 [键，设置动画的入点；按P键，展开"位置"属性，设置"位置"为705.4,162.9，如图2-14所示。

图2-14

秋季插画效果制作完成，"合成"面板中的效果如图2-15所示。

图2-15

任务知识

2.2.1 将素材放置到"时间轴"面板

素材只有放入"时间轴"面板才可以进行编辑。将素材放入"时间轴"面板的方法如下。

方法一: 将素材直接从"项目"面板拖曳到"合成"面板中,如图2-16所示,这样可以决定素材在合成画面中的位置。

方法二: 在"项目"面板中拖曳素材到合成层上,如图2-17所示。

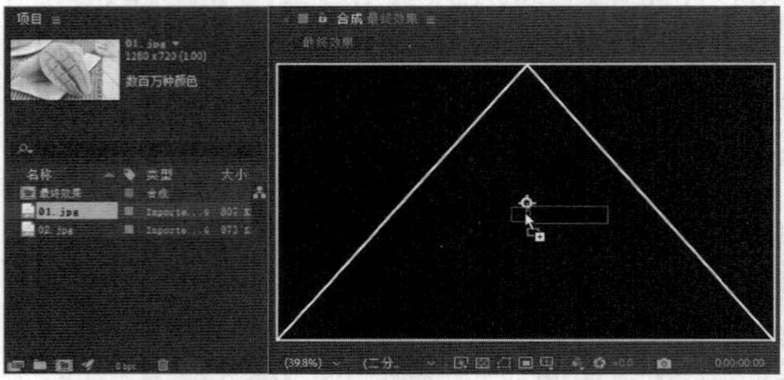

图2-16 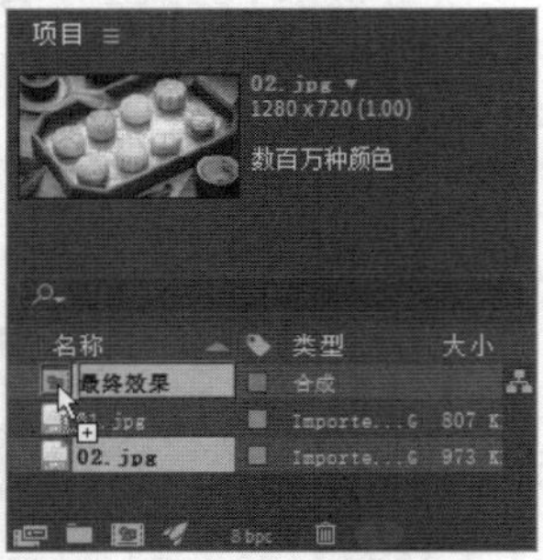　　　　　　　　　　　　　　　图2-17

方法三: 在"项目"面板中选中素材,按Ctrl+ / 快捷键,将所选素材置入当前的"时间轴"面板。

方法四: 将素材从"项目"面板拖曳到"时间轴"面板的图层区域,未松开鼠标时,"时间轴"面板中会显示一条蓝色线,根据蓝色线所在的位置可以确定素材将置入哪一层,如图2-18所示。

方法五: 将素材从"项目"面板拖曳到时间轴区域,未松开鼠标时,不仅会出现一条蓝色线,提示素材将置入哪一层,还会在时间标尺处显示时间标签,提示素材入场的时间,如图2-19所示。

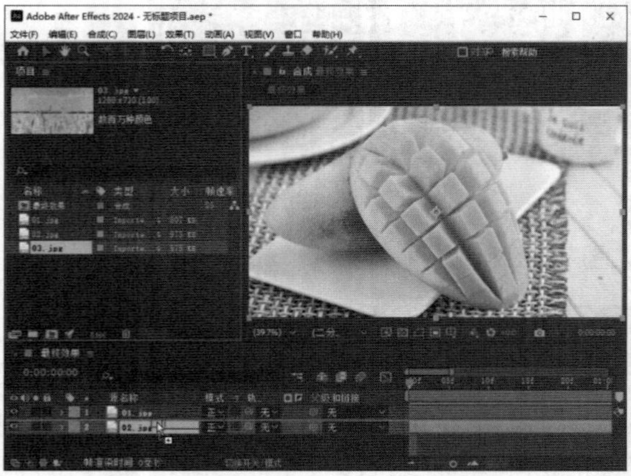

图2-18　　　　　　　　　　　　　　　图2-19

方法六: 在"项目"面板中双击素材,通过"素材"面板打开素材,单击▐、▐两个按钮分别设置素材的入点、出点,再单击"波纹插入编辑"按钮▦或者"叠加编辑"按钮▥,将素材插入"时间轴"面板,如图2-20所示。

图2-20

提示 如果是图像素材,双击后不会出现上述按钮和功能,因此只能对视频素材使用此方法。

2.2.2 改变图层的顺序

在"时间轴"面板中选择图层,上下拖曳图层可以改变图层的顺序,拖曳时注意观察蓝色线的位置,如图2-21所示。

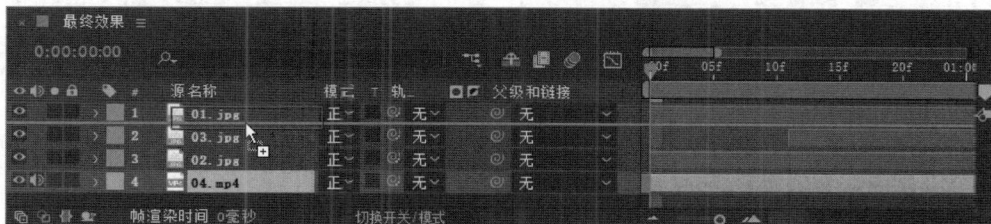

图2-21

在"时间轴"面板中选择图层,可通过菜单和快捷键调整图层的位置。

① 选择"图层 > 排列 > 将图层置于顶层"命令,或按Ctrl+Shift+] 快捷键将图层移到最上方。

② 选择"图层 > 排列 > 将图层前移一层"命令,或按Ctrl+] 快捷键将图层往上移一层。

③ 选择"图层 > 排列 > 将图层后移一层"命令,或按Ctrl+ [快捷键将图层往下移一层。

④ 选择"图层 > 排列 > 将图层置于底层"命令,或按Ctrl+Shift+ [快捷键将图层移到最下方。

2.2.3 复制图层与替换图层

1. 复制图层

方法一: 选中图层,选择"编辑 > 复制"命令,或按Ctrl+C快捷键复制图层;选择"编辑 > 粘贴"命令,或按Ctrl+V快捷键粘贴图层,粘贴得到的新图层将保留被复制图层的所有属性。

方法二: 选中图层,选择"编辑 > 重复"命令,或按Ctrl+D快捷键快速复制图层。

2. 替换图层

方法一: 在"时间轴"面板中选择需要替换的图层,在"项目"面板中,按住Alt键,将替换的新素材拖曳到"时间轴"面板中,如图2-22所示。

方法二：在"时间轴"面板中选择需要替换的图层，单击鼠标右键，在弹出的快捷菜单中选择"显示 > 在项目流程图中显示图层"命令，打开"流程图"面板；在"项目"面板中，将替换的新素材拖曳到"流程图"面板中目标图层上方，如图2-23所示。

图2-22

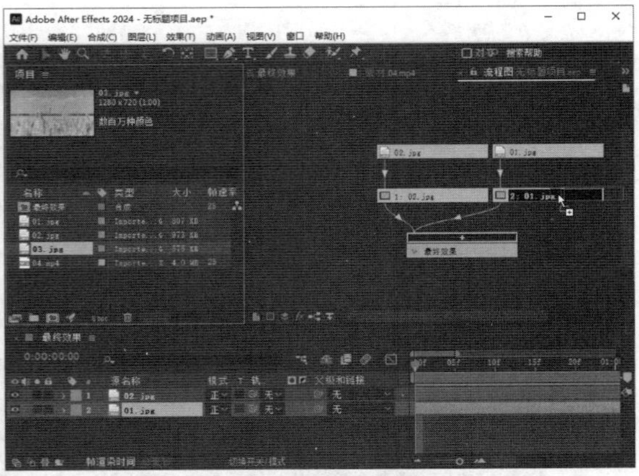

图2-23

2.2.4 给图层加标记

在某个高音或鼓点处设置图层标记，可以在整个创作过程中快速而准确地了解该时间点发生了什么。

1. 添加图层标记

在"时间轴"面板中选择图层，并移动时间标签到指定时间点，如图2-24所示。

图2-24

选择"图层 > 标记> 添加标记"命令，或按数字键盘上的 * 键实现图层标记的添加操作，如图2-25所示。

图2-25

2. 修改图层标记

　　拖曳图层标记到新的时间点，可以快速修改图层标记的时间点；或者双击图层标记，弹出"合成标记"对话框，在"时间"文本框中输入目标时间，可以精确修改图层标记的时间点，如图2-26所示。

　　另外，为了更好地识别各个图层标记，可以给图层标记添加注释。双击图层标记，弹出"合成标记"对话框，在"注释"文本框中输入说明文字，例如"更改从此处开始"，单击"确定"按钮。"时间轴"面板中的效果如图2-27所示。

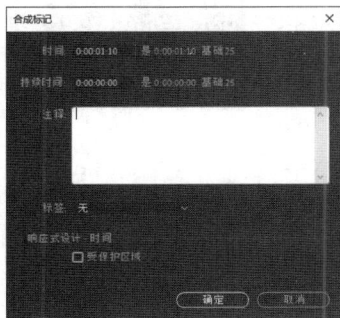

图2-26

图2-27

3. 删除图层标记

　　在图层标记上单击鼠标右键，在弹出的快捷菜单中选择"删除此标记"或"删除所有标记"命令，可以删除图层标记。

　　按住Ctrl键，将鼠标指针移至图层标记处，当鼠标指针变为 形状时，单击即可删除该图层标记。

2.2.5 让图层适合合成图像的尺寸

　　选择图层，选择"图层 > 变换 > 适合复合"命令或按Ctrl+Alt+F快捷键，可以使图层尺寸完全适合合成图像的尺寸，如图2-28所示。如果图层的长宽比与合成图像的长宽比不一致，将导致图层中的图像变形。

　　选择"图层 > 变换 > 适合复合宽度"命令或按Ctrl+Alt+Shift+H快捷键，可以使图层的宽度适合合成图像的宽度，如图2-29所示。

　　选择"图层 > 变换 > 适合复合高度"命令或按Ctrl+Alt+Shift+G快捷键，可以使图层的高度适合合成图像的高度，如图2-30所示。

图2-28

图2-29

图2-30

2.2.6 对齐图层和自动分布图层

选择"窗口 > 对齐"命令，弹出"对齐"面板，如图2-31所示。

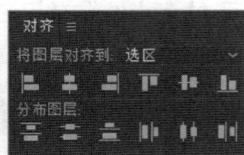
图2-31

"对齐"面板中的按钮第一行从左到右分别为"左对齐"按钮■、"水平对齐"按钮■、"右对齐"按钮■、"顶对齐"按钮■、"垂直对齐"按钮■、"底对齐"按钮■，第二行从左到右分别为"按顶分布"按钮■、"垂直均匀分布"按钮■、"按底分布"按钮■、"按左分布"按钮■、"水平均匀分布"按钮■、"按右分布"按钮■。

在"时间轴"面板中，选择第1个图层，按住Shift键再选择第4个图层，将第1~4个图层同时选中，如图2-32所示。

单击"对齐"面板中的"水平对齐"按钮■，将所选图层水平居中对齐；单击"垂直均匀分布"按钮■，将以所选图层的最上层和最下层为基准，平均分布中间两层，使垂直间距一致，如图2-33所示。

图2-32

图2-33

任务2.3　掌握图层的5个基本变换属性和关键帧动画

在After Effects 2024中，图层的5个基本变换属性分别是锚点、位置、缩放、旋转和不透明度。下面将对这5个基本变换属性和关键帧动画进行讲解。

制作节日小动画

任务目标 学习使用图层的基本变换属性来制作关键帧动画。

任务要点 使用"导入"命令导入素材文件，使用"缩放"属性、"位置"属性和"不透明度"属性制作烟花动画效果，使用"位置"属性制作火车运动效果。最终效果参考学习资源中的"项目2\制作节日小动画\制作节日小动画.aep"，如图2-34所示。

图2-34

任务操作

1．导入素材并制作烟花动画

01 按Ctrl+N快捷键，弹出"合成设置"对话框，在"合成名称"文本框中输入"烟花"，其他选项的设置如图2-35所示，单击"确定"按钮，创建一个新的合成。选择"文件 > 导入 > 文件"命令，弹出"导入文件"对话框，选择学习资源中的"项目2\制作节日小动画\（Footage）\01.png～04.png"文件，单击"导入"按钮，将选中的文件导入"项目"面板，如图2-36所示。

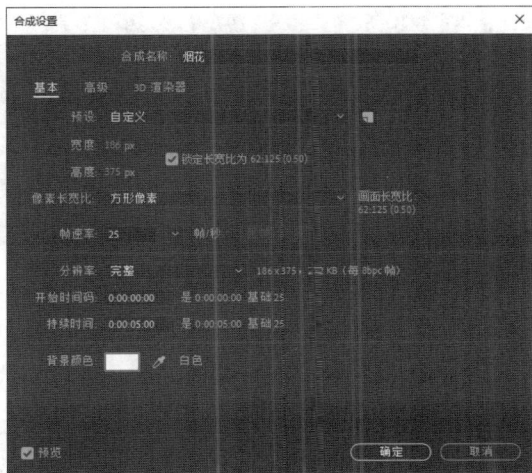

图2-35

图2-36

02 在"项目"面板中选中"03.png"文件和"04.png"文件，并将它们拖曳到"时间轴"面板中，图层的排列顺序如图2-37所示。选中"03.png"图层，按P键，展开"位置"属性，设置"位置"为93.0,91.5，如图2-38所示。

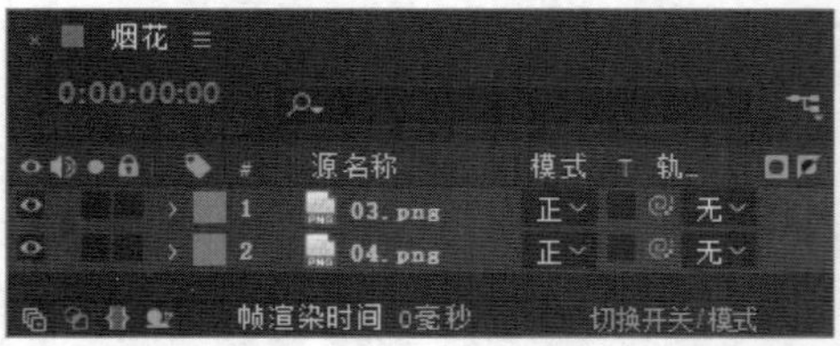

图2-37

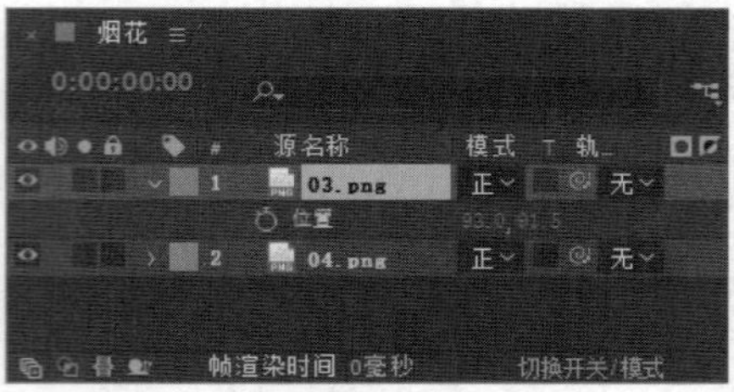

图2-38

03 选中"04.png"图层，按P键，展开"位置"属性，设置"位置"为93.0,433.5；按住Shift键，按T键，展开"不透明度"属性，设置"不透明度"为0%，如图2-39所示。保持时间标签在0:00:00:00的位置，分别单击"位置"和"不透明度"左侧的"关键帧自动记录器"按钮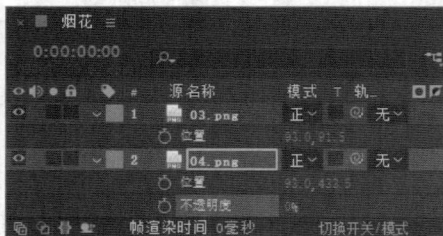，如图2-40所示，记录第1个关键帧。

图2-39

图2-40

04 将时间标签放置在0:00:00:20的位置，在"时间轴"面板中分别单击"位置"和"不透明度"左侧的"在当前时间添加或移除关键帧"按钮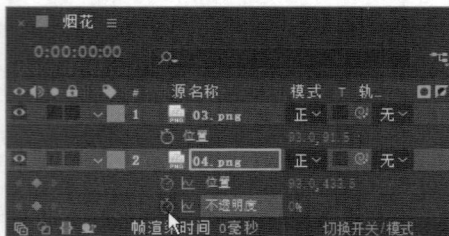，添加第2个关键帧，如图2-41所示。

图2-41

05 用相同的方法分别在0:00:01:15、0:00:02:10、0:00:03:05、0:00:04:00和0:00:04:20的位置添加关键帧，如图2-42所示。

图2-42

06 将时间标签放置在0:00:00:10的位置，设置"位置"为93.0,272.5，设置"不透明度"为100%，记录一个关键帧，如图2-43所示。

图2-43

07 将时间标签放置在0:00:01:05的位置，设置"位置"为93.0,272.5，设置"不透明度"为100%，记录一个关键帧，如图2-44所示。

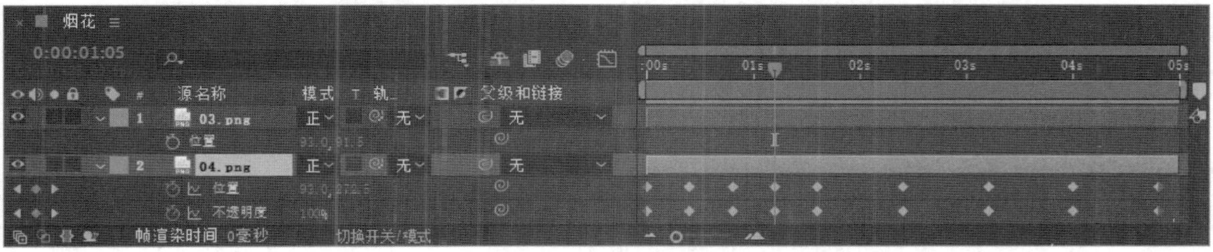

图2-44

08 用相同的方法分别在0:00:02:00、0:00:02:20、0:00:03:15和0:00:04:10的位置添加关键帧，如图2-45所示。

图2-45

09 将时间标签放置在0:00:00:00的位置，选中"03.png"图层，按S键，展开"缩放"属性，设置"缩放"为0.0,0.0%，单击"缩放"左侧的"关键帧自动记录器"按钮 ，如图2-46所示，记录第1个关键帧。

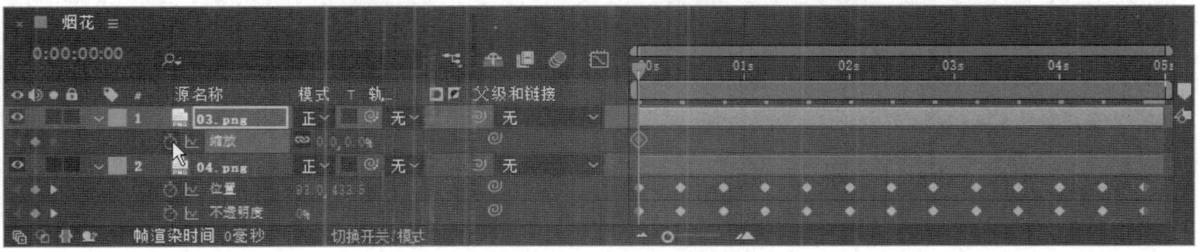

图2-46

10 将时间标签放置在0:00:00:20的位置，在"时间轴"面板中单击"缩放"左侧的"在当前时间添加或移除关键帧"按钮 ，添加第2个关键帧，如图2-47所示。

图2-47

11 用相同的方法分别在0:00:01:15、0:00:02:10、0:00:03:05、0:00:04:00和0:00:04:20的位置添加关键帧，如图2-48所示。

图2-48

12 将时间标签放置在0:00:00:10的位置，设置"缩放"为100.0,100.0%，记录一个关键帧，如图2-49所示。

图2-49

13 将时间标签放置在0:00:01:05的位置，设置"缩放"为100.0,100.0%，记录一个关键帧，如图2-50所示。

图2-50

14 用相同的方法分别在0:00:02:00、0:00:02:20、0:00:03:15和0:00:04:10的位置添加关键帧，如图2-51所示。

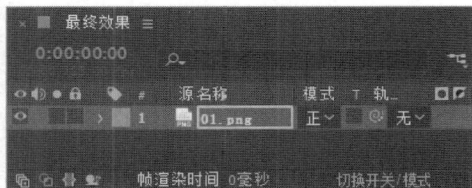

图2-51

2. 制作最终效果

01 按Ctrl+N快捷键，弹出"合成设置"对话框，在"合成名称"文本框中输入"最终效果"，其他选项的设置如图2-52所示，单击"确定"按钮，创建一个新的合成。在"项目"面板中选中"01.png"文件，将其拖曳到"时间轴"面板中，如图2-53所示。

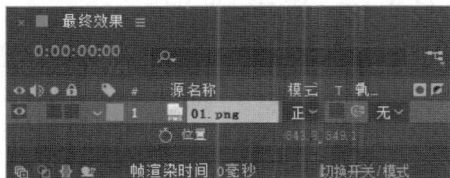

图2-52　　　　　　　　　　　　　　　　图2-53

02 保持时间标签在0:00:00:00的位置，选中"01.png"图层，按P键，展开"位置"属性，设置"位置"为643.8,849.1，如图2-54所示。单击"位置"左侧的"关键帧自动记录器"按钮，如图2-55所示，记录第1个关键帧。

图2-54　　　　　　　　　　　　　　　　图2-55

03 将时间标签放置在0:00:00:10的位置，设置"位置"为643.8,610.1，记录第2个关键帧，如图2-56所示。在"项目"面板中，选中"02.png"文件，将其拖曳到"时间轴"面板中，按Alt+ [快捷键，设置动画的入点，如图2-57所示。

图2-56   图2-57

04 按P键，展开"位置"属性，设置"位置"为-386.6,458.7，单击"位置"左侧的"关键帧自动记录器"按钮，如图2-58所示，记录第1个关键帧。将时间标签放置在0:00:04:24的位置，设置"位置"为1326.4,458.7，如图2-59所示，记录第2个关键帧。

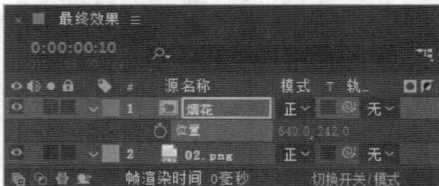

图2-58   图2-59

05 在"项目"面板中选中"烟花"合成，将其拖曳到"时间轴"面板中并放置在顶层，将时间标签放置在0:00:00:10的位置，按 [键，设置动画的入点。按P键，展开"位置"属性，设置"位置"为640.0,242.0，如图2-60所示。"合成"面板中的效果如图2-61所示。

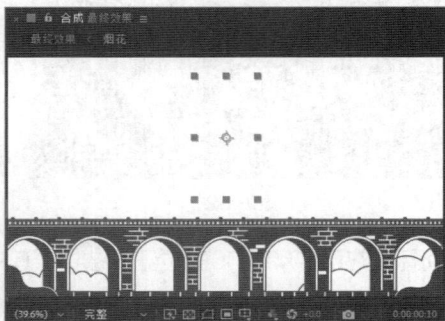

图2-60   图2-61

06 选中"烟花"图层，按Ctrl+D快捷键，复制图层。将时间标签放置在0:00:00:05的位置，按 [键，设置动画的入点。将时间标签放置在0:00:00:10的位置，按Alt+ [快捷键，设置动画的入点；按P键，展开"位置"属性，设置"位置"为418.0,269.0；按住Shift键，按S键，展开"缩放"属性，设置"缩放"为90.0,90.0%，如图2-62所示。

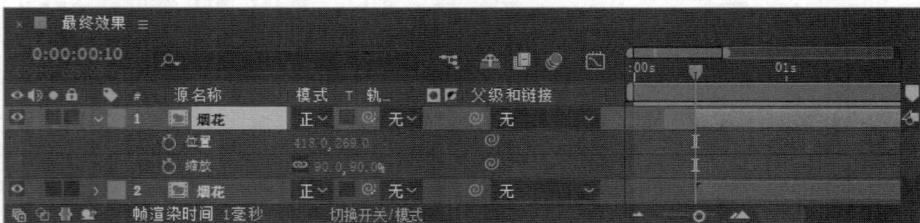

图2-62

07 在"项目"面板中选中"烟花"合成,将其拖曳到"时间轴"面板中并放置在顶层,将时间标签放置在0:00:00:10的位置,按Alt+ [快捷键,设置动画的入点;按P键,展开"位置"属性,设置"位置"为89.3,166.7;按住Shift键,按S键,展开"缩放"属性,设置"缩放"为60.0,60.0%,如图2-63所示。

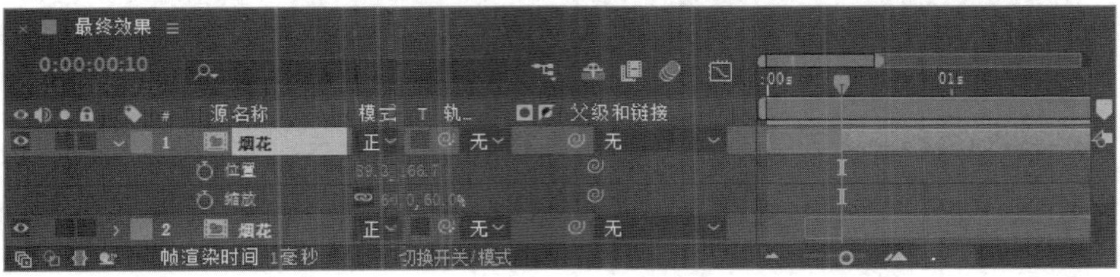

图2-63

08 选中"图层2",按Ctrl+D快捷键,复制图层,并将复制的图层拖曳到顶层。按P键,展开"位置"属性,设置"位置"为226.6,367.5;按住Shift键,按S键,展开"缩放"属性,设置"缩放"为40.0,40.0%,如图2-64所示。

图2-64

09 选中"图层1",按Ctrl+D快捷键,复制图层。按P键,展开"位置"属性,设置"位置"为914.4,192.3;按住Shift键,按S键,展开"缩放"属性,设置"缩放"为120.0,120.0%,如图2-65所示。

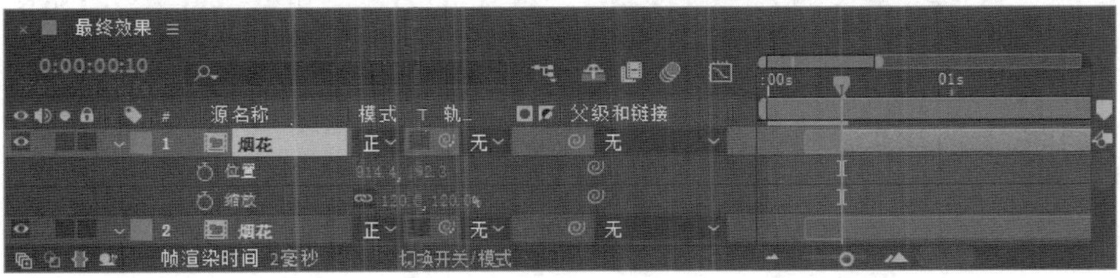

图2-65

10 选中"图层3",按Ctrl+D快捷键,复制图层,并将复制的图层拖曳到顶层。按P键,展开"位置"属性,设置"位置"为1136.1,380.8;按住Shift键,按S键,展开"缩放"属性,设置"缩放"为90.0,90.0%,如图2-66所示。

图2-66

节日小动画制作完成，"合成"面板中的效果如图2-67所示。

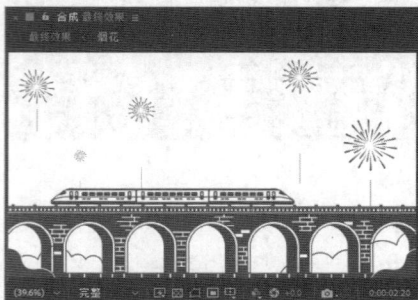

图2-67

任务知识

2.3.1 图层的5个基本变换属性

除单独的音频图层以外，各类型图层至少有5个基本变换属性，它们分别是锚点、位置、缩放、旋转和不透明度。单击"时间轴"面板中图层标签颜色左侧的小箭头按钮，展开"变换"属性，再单击"变换"左侧的小箭头按钮，展开各个变换属性，如图2-68所示。

图2-68

1. "锚点"属性

图层的移动、旋转和缩放都是依据一个点来操作的，这个点就是锚点。

选择需要的图层，按A键，展开"锚点"属性，如图2-69所示。以锚点为基准，如图2-70所示，旋转图层，效果如图2-71所示；缩放图层，效果如图2-72所示。

图2-69

图2-70　　　　　　　　　　　　图2-71　　　　　　　　　　　　图2-72

2. "位置"属性

选择需要移动的图层，按P键，展开"位置"属性，如图2-73所示。以锚点为基准，如图2-74所示，在图层的"位置"属性右侧的数字上拖曳鼠标（或单击并输入需要的数值），如图2-75所示，松开鼠标（或按Enter键），效果如图2-76所示。

图2-73

图2-74　　　　　　　　　　　　图2-75　　　　　　　　　　　　图2-76

普通二维图层的"位置"属性由x坐标和y坐标两个参数组成；如果是三维图层，则由x坐标、y坐标和z坐标3个参数组成。

提示 在制作位置动画时，如果要对象沿路径的角度进行旋转，可以选择"图层 > 变换 > 自动定向"命令，弹出"自动方向"对话框，选择"沿路径定向"单选项，单击"确定"按钮。

3. "缩放"属性

选择需要缩放的图层，按S键，展开"缩放"属性，如图2-77所示。以锚点为基准，如图2-78所示，在图层的"缩放"属性右侧的数字上拖曳鼠标（或单击并输入需要的数值），如图2-79所示，松开鼠标（或按Enter键），效果如图2-80所示。

普通二维图层的"缩放"属性由x坐标和y坐标两个参数组成；如果是三维图层，则由x坐标、y坐标和z坐标3个参数组成。

图2-77

图2-78　　　　　　　　　　　图2-79　　　　　　　　　　图2-80

4. "旋转"属性

选择需要旋转的图层，按R键，展开"旋转"属性，如图2-81所示。以锚点为基准，如图2-82所示，在图层的"旋转"属性右侧的数字上拖曳鼠标（或单击并输入需要的数值），如图2-83所示，松开鼠标（或按Enter键），效果如图2-84所示。普通二维图层的"旋转"属性由圈数和度数两个参数组成，例如1x+180°。

图2-81

图2-82

图2-83

图2-84

如果是三维图层，"旋转"属性将增加为4个："方向"可以同时设定x轴、y轴、z轴3个方向的旋转角度，"X轴旋转"仅调整x轴方向的旋转角度，"Y轴旋转"仅调整y轴方向的旋转角度，"Z轴旋转"仅调整z轴方向的旋转角度，如图2-85所示。

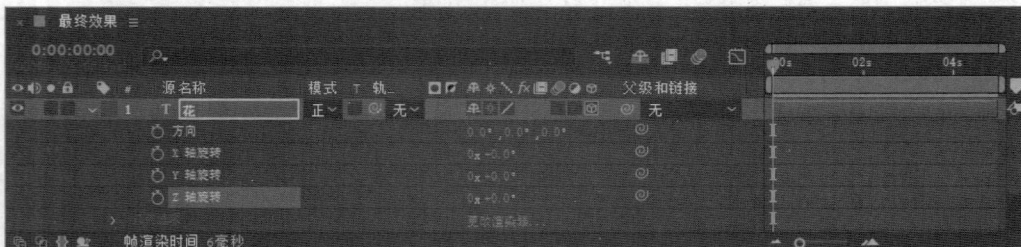

图2-85

5. "不透明度"属性

选择需要设置不透明度的图层，按T键，展开"不透明度"属性，如图2-86所示。以锚点为基准，如图2-87所示，在图层的"不透明度"属性右侧的数字上拖曳鼠标（或单击并输入需要的数值），如图2-88所示，松开鼠标（或按Enter键），效果如图2-89所示。

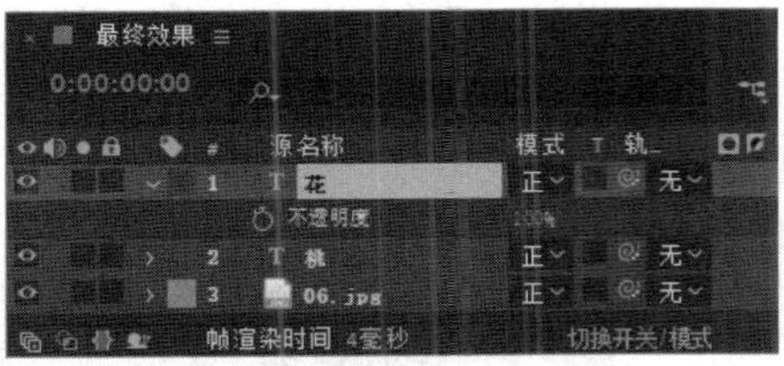

图2-86

图2-87

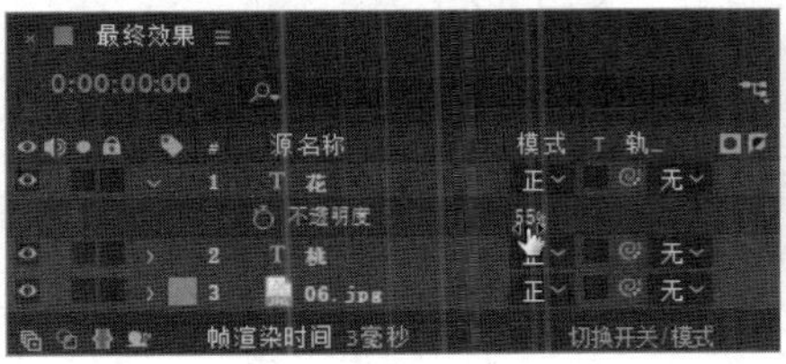

图2-88

图2-89

提示 按住Shift键再按显示各属性的快捷键，可以自定义显示组合属性。例如，如果只想看见图层的"位置"和"不透明度"属性，可以在选择图层之后，先按P键，然后按住Shift键和T键，如图2-90所示。

图2-90

2.3.2 利用"位置"属性制作位置动画

选择"文件 > 打开项目"命令，或按Ctrl+O快捷键，弹出"打开"对话框，选择学习资源中的"基础素材\项目2\纸飞机\纸飞机.aep"文件，如图2-91所示，单击"打开"按钮，打开此文件，此时"合成"面板中的效果如图2-92所示。

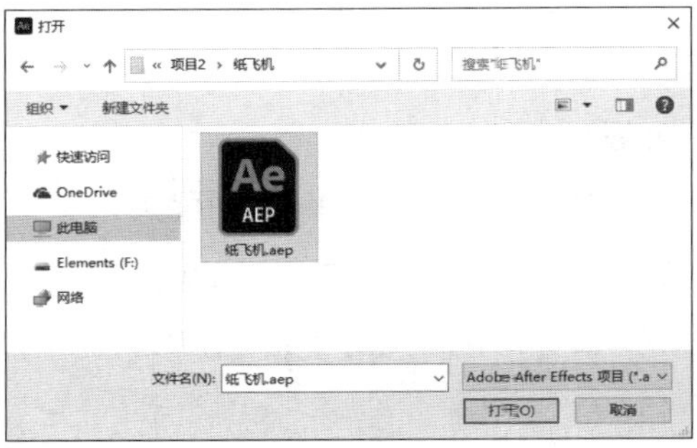

图2-91

图2-92

在"时间轴"面板中选中"02.png"图层，按P键，展开"位置"属性，确定当前时间标签处于0:00:00:00的位置，设置"位置"为94.0,632.0，如图2-93所示；或选择选取工具▶，在"合成"面板中将"纸飞机"图形移动到画面的左下方，如图2-94所示。单击"位置"左侧的"关键帧自动记录器"按钮◯，开始记录"位置"属性关键帧。

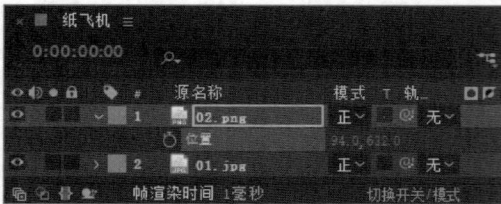

图2-93

图2-94

提示　按Alt+Shift+P快捷键也可以实现上述操作，此快捷键可以实现在任意位置添加或删除"位置"属性关键帧的操作。

拖曳时间标签到0:00:04:24的位置，设置"位置"为1164.0,98.0，如图2-95所示，或选择选取工具▶，在"合成"面板中将"纸飞机"图形移动到画面的右上方，在"时间轴"面板中，当前时间点下的"位置"属性将自动添加一个关键帧；并在"合成"面板中显示纸飞机运动路径，如图2-96所示。按0键，预览动画。

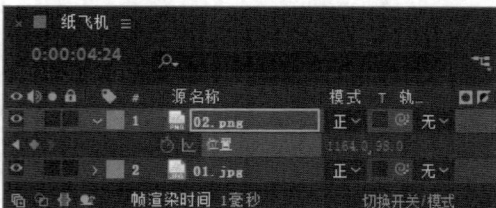

图2-95

图2-96

1. 手动调整"位置"属性

（1）选择选取工具▶，直接在"合成"面板中拖曳图层。

（2）在"合成"面板中拖曳图层时，按住Shift键，沿水平或垂直方向移动图层。

（3）在"合成"面板中拖曳图层时，按住Alt+Shift组合键，使图层的边缘逼近合成图像边缘。

（4）要使图层每次移动1像素，可以按上、下、左或右方向键；要使图层每次移动10像素，可以在按住Shift键的同时按上、下、左或右方向键。

2. 通过修改参数值调整"位置"属性

（1）将鼠标指针移动到参数上，当鼠标指针呈形状时，拖曳鼠标可以修改参数值。

（2）单击参数将会出现输入框，可以在其中输入具体数值。输入框也支持加减法运算，如在原来的参数值后方输入"+20"，表示在原来的参数值上加20像素，如图2-97所示；如果要减20像素，则在原来的参数值后方输入"-20"。

（3）在属性名称或参数值上单击鼠标右键，在弹出的快捷菜单中选择"编辑值"命令，或按Ctrl+Shift+P快捷键，弹出"位置"对话框。在该对话框中可以调整具体的参数值，并且可以调整单位，如像素、英寸、毫米、源的%、合成的%，如图2-98所示。

图2-97　　　　　　　　　　　　　　　图2-98

2.3.3 利用"缩放"属性制作缩放动画

在"时间轴"面板中，选中"02.png"图层，按住Shift键，按S键，展开"缩放"属性，如图2-99所示。

图2-99

将时间标签放在0:00:00:00的位置，在"时间轴"面板中，单击"缩放"左侧的"关键帧自动记录器"按钮，开始记录"缩放"属性关键帧，如图2-100所示。

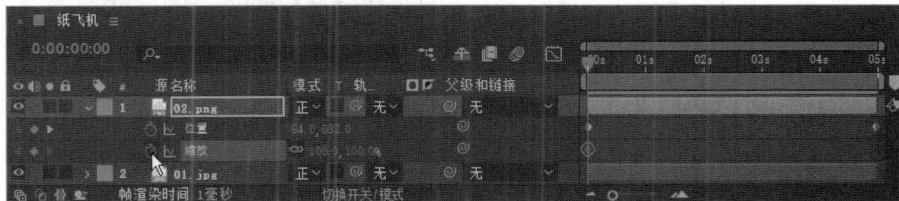

图2-100

提示　按Alt+Shift+S快捷键也可以实现上述操作，此快捷键还可以实现在任意位置添加或删除"缩放"属性关键帧的操作。

拖曳时间标签到0:00:04:24的位置，设置"缩放"为130.0,130.0%，如图2-101所示；或者选择选取工具▶️，在"合成"面板中拖曳图层边框上的变换框进行缩放操作，如果按住Shift键操作，可以实现等比缩放。在"时间轴"面板中，当前时间点下的"缩放"属性会自动添加一个关键帧。按0键，预览动画。

图2-101

1. 手动调整"缩放"属性

（1）选择选取工具▶️，直接在"合成"面板中拖曳图层边框上的变换框可进行缩放操作，如果按住Shift键操作，则可以实现等比缩放。

（2）按住Alt键的同时按+键可以实现以1%递增缩放百分比，按住Alt键的同时按－键可以实现以1%递减缩放百分比；如果要以10%递增或递减，只需要在按上述快捷键的同时按住Shift键，例如按Shift+Alt+ － 快捷键。

2. 通过修改参数值调整"缩放"属性

（1）将鼠标指针移动到参数上，当鼠标指针呈🖐形状时，拖曳鼠标可以修改参数值。

（2）单击参数将会弹出输入框，可以在其中输入具体数值。输入框也支持加减法运算，例如，在原来的参数值后方输入"+3"，表示在原来的参数值上加3%；如果要减3%，则在原来的参数值后方输入"-3"，如图2-102所示。

（3）在属性名称或参数值上单击鼠标右键，在弹出的快捷菜单中选择"编辑值"命令，在弹出的"缩放"对话框中可以进行具体的设置，如图2-103所示。

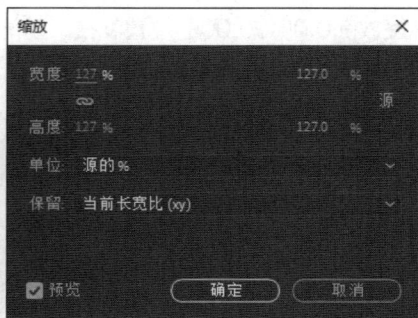

图2-102　　　　　　　　　　　图2-103

提示 如果缩放值被设为负值，将实现图像翻转效果。

2.3.4 利用"旋转"属性制作旋转动画

在"时间轴"面板中，选择"02.png"图层，按住Shift键，按R键，展开"旋转"属性，如图2-104所示。

图2-104

将时间标签放置在0:00:00:00的位置，单击"旋转"左侧的"关键帧自动记录器"按钮，开始记录"旋转"属性关键帧。

提示 按Alt+Shift+R快捷键也可以实现上述操作，此快捷键还可以实现在任意位置添加或删除"旋转"属性关键帧的操作。

拖曳时间标签到0:00:04:24的位置，设置"旋转"为0x+45.0°，表示将图层顺时针旋转45°，如图2-105所示；或者选择旋转工具，在"合成"面板中沿顺时针方向旋转图层，效果如图2-106所示。按0键，预览动画。

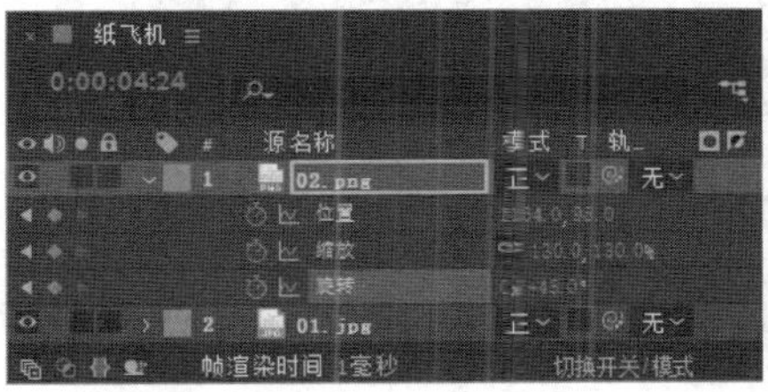

图2-105

图2-106

1. 手动调整"旋转"属性

（1）选择旋转工具，在"合成"面板中旋转图层时，按住Shift键，将以45°为调整幅度。

（2）按+键可将图层沿顺时针方向旋转1°，按-键可将图层沿逆时针方向旋转1°；如果要将图层旋转10°，只需要在按上述快捷键的同时按住Shift键，例如按Shift+-快捷键。

2. 通过修改参数值调整"旋转"属性

（1）将鼠标指针移动到参数上，当鼠标指针呈形状时，拖曳鼠标可以修改参数值。

（2）单击参数将会弹出输入框，可以在其中输入具体数值。输入框也支持加减法运算，例如，在原来的参数值后方输入"+2"，表示在原来的参数值上加2°或者2圈（取决于在度数输入框还是在圈数输入框中输入）；如果是减法，则在原来的参数值后方输入"-10"，表示在原来的参数值上减10°。

（3）在属性名称或参数值上单击鼠标右键，在弹出的快捷菜单中选择"编辑值"命令，或按Ctrl+Shift+R快捷键，在弹出的"旋转"对话框中可以调整具体的参数值，如图2-107所示。

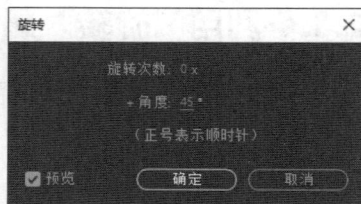

图2-107

2.3.5 "锚点"属性的作用

在"时间轴"面板中，选择"02.png"图层，按住Shift键，按A键，展开"锚点"属性，如图2-108所示。

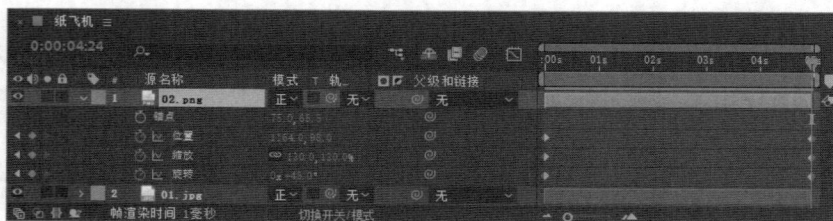

图2-108

改变"锚点"属性的值，或者选择向后平移（锚点）工具▧，在"合成"面板中拖曳锚点，如图2-109所示。按0键，预览动画。

图2-109

> **提示** 锚点的坐标是相对于图层的，而不是相对于合成图像的。

1.　手动调整"锚点"属性

（1）选择向后平移（锚点）工具██，在"合成"面板中拖曳锚点。

（2）在"时间轴"面板中双击'02.png"图层，将该图层在"图层"面板中打开，选择选取工具██或者向后平移（锚点）工具██，拖曳锚点，如图2-110所示。

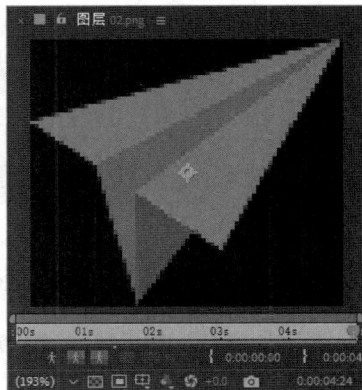

2.　通过修改参数值调整"锚点"属性

（1）将鼠标指针移动到参数上，当鼠标指针呈🖑形状时，拖动鼠标可以修改参数值。

（2）单击参数将会弹出输入框，可以在其中输入具体数值。输入框也支持加减法运算，例如，在原来的参数值后方输入"+30"，表示在原来的参数值上加30像素；如果要减30像素，则在原来的参数值后方输入"-30"。

（3）在属性名称或参数值上单击鼠标右键，在弹出的快捷菜单中选择"编辑值"命令，在弹出的"锚点"对话框中可以调整具体的参数值，如图2-111所示。

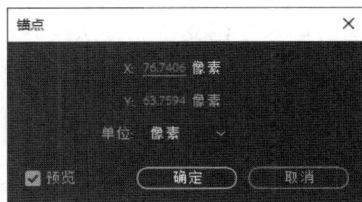

图2-110

图2-111

2.3.6　利用"不透明度"属性制作不透明度动画

在"时间轴"面板中，选择"02.png"图层，按住Shift键，按T键，展开"不透明度"属性，如图2-112所示。

图2-112

将时间标签放置在0:00:00:00的位置，设置"不透明度"为100%，使图层完全不透明。单击"不透明度"左侧的"关键帧自动记录器"按钮🕐，开始记录"不透明度"属性关键帧。

> **提示**　按Alt+Shift+T快捷键也可以实现上述操作，此快捷键还可以实现在任意位置添加或删除"不透明度"属性关键帧的操作。

拖曳时间标签到0:00:04:24的位置，设置"不透明度"为0%，使图层完全透明，在"时间轴"面板中，当前时间点下的"不透明度"属性会自动添加一个关键帧，如图2-113所示。按0键，预览动画。

图2-113

通过修改参数值调整"不透明度"属性

（1）将鼠标指针移动到参数上，当鼠标指针呈 🖐 形状时，拖曳鼠标可以修改参数值。

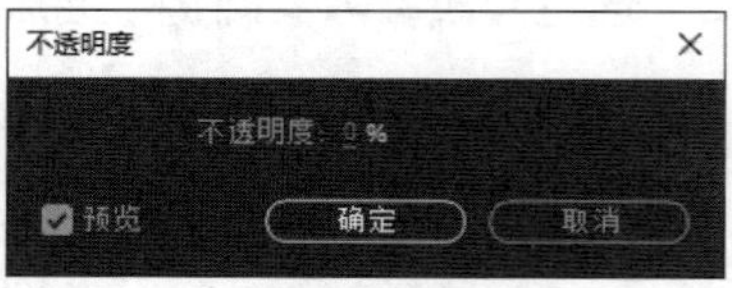

图2-114

（2）单击参数将会弹出输入框，可以在其中输入具体数值。输入框也支持加减法运算，例如，在原来的参数值后方输入"+20"，表示在原来的参数值上增加20%；如果要减少20%，则在原来的参数值后方输入"-20"。

（3）在属性名称或参数值上单击鼠标右键，在弹出的快捷菜单中选择"编辑值"命令，或按Ctrl+Shift+O快捷键，在弹出的"不透明度"对话框中可以调整具体的参数值，如图2-114所示。

项目实践　制作环保动画

项目要点 使用"位置"属性确定图像的位置，使用"旋转"属性制作风车动画效果，使用"位置"属性制作云朵运动效果。最终效果参考学习资源中的"项目2\制作环保动画\制作环保动画.aep"，如图2-115所示。

图2-115

课后习题　制作风筝飞舞动画

习题要点 使用"导入"命令导入素材，使用"位置"属性制作风筝动画，使用"缩放"属性制作云朵运动效果。最终效果参考学习资源中的"项目2\制作风筝飞舞动画\制作风筝飞舞动画.aep"，效果如图2-116所示。

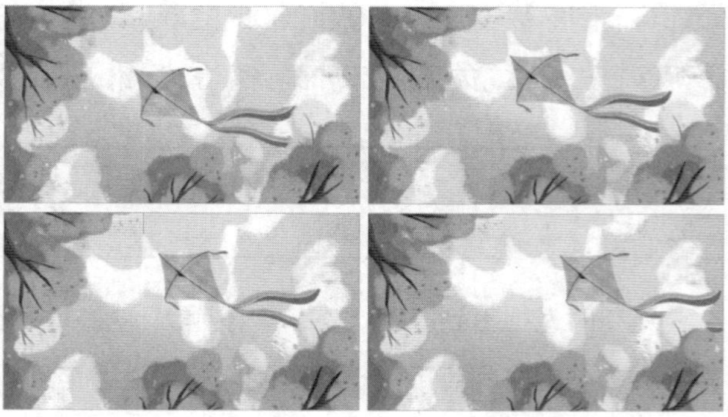

图2-116

项目 3

制作蒙版动画

本项目旨在帮助读者掌握蒙版的制作方法，包括使用蒙版设计图形、调整蒙版形状、蒙版的变换、编辑蒙版的多种方式等。通过对本项目的学习，读者可以掌握蒙版的基本操作和应用技巧，并能运用蒙版功能制作出绚丽的视频效果。

学习目标
- 熟悉蒙版的应用
- 掌握蒙版的制作与变换方法
- 掌握蒙版的基本操作

技能目标
- 掌握"矩形遮罩效果"的制作方法
- 掌握"端午节加载页面"的制作方法

素养目标
- 培养使用蒙版为动画添加视觉效果和创意的能力
- 培养借助互联网获取有效信息的能力
- 培养良好的创意思维

任务3.1　熟悉蒙版的应用

蒙版实质上是一个由封闭的贝塞尔曲线构成的路径轮廓，如图3-1所示。

提示　虽然蒙版由路径组成，但千万不要认为路径只是用来创建蒙版的，路径还可以用来描绘勾边效果、制作动画效果等。

图3-1

任务3.2　掌握蒙版的制作与变换

通过设置蒙版，可以将两个及两个以上的图层合成并制作出一个新的画面。蒙版可以在"合成"面板中进行调整，也可以在"时间轴"面板中调整。

任务实践　**制作矩形遮罩效果**

任务目标　学习使用蒙版制作动画效果。

任务要点　使用Ctrl+N快捷键新建合成并为其命名，使用"导入"命令导入素材文件，使用矩形工具制作蒙版效果。最终效果参考学习资源中的"项目3\制作矩形遮罩效果\制作矩形遮罩效果.aep"，如图3-2所示。

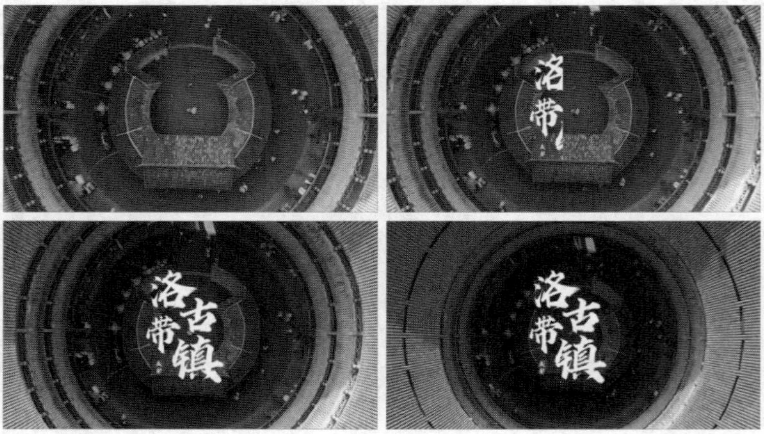

图3-2

任务操作

01 按Ctrl+N快捷键，弹出"合成设置"对话框，在"合成名称"文本框中输入"最终效果"，其他选项的设置如图3-3所示，单击"确定"按钮，创建一个新的合成。

02 选择"文件 > 导入 > 文件"命令，在弹出的"导入文件"对话框中，选择学习资源中的"项目3\制作矩形遮罩效果\（Footage）\01.mp4和02.png"文件，单击"导入"按钮，将选中的文件导入"项目"面板，如图3-4所示。

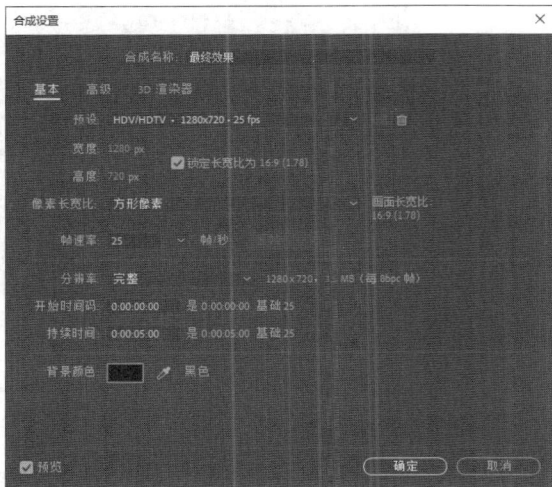

图3-3   图3-4

03 在"项目"面板中选中"01.mp4"文件，并将其拖曳到"时间轴"面板中，如图3-5所示。"合成"面板中的效果如图3-6所示。

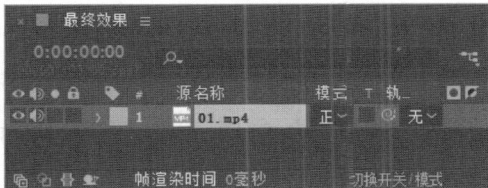

图3-5   图3-6

04 保持时间标签在0:00:00:00的位置，选中"01.mp4"图层，按P键，展开"位置"属性；按住Shift键，按S键，展开"缩放"属性，分别单击"位置"和"缩放"左侧的"关键帧自动记录器"按钮，如图3-7所示，记录第1个关键帧。

05 将时间标签放置在0:00:04:24的位置，设置"位置"为640.0,390.0，设置"缩放"为110.0,110.0%，如图3-8所示，记录第2个关键帧。

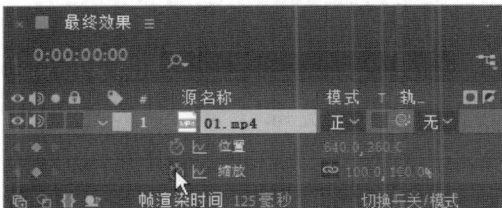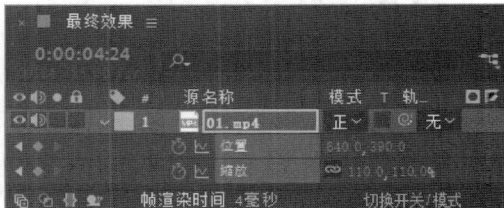

图3-7   图3-8

06 在"项目"面板中选中"02.png"文件,并将其拖曳到"时间轴"面板中,如图3-9所示。"合成"面板中的效果如图3-10所示。

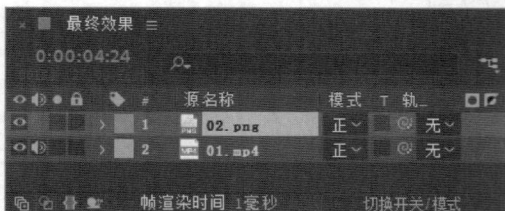

图3-9　　　　　　　　　　　　　　　　　图3-10

07 选中"02.png"图层,按P键,展开"位置"属性,设置"位置"为623.0,363.8,如图3-11所示。"合成"面板中的效果如图3-12所示。

图3-11　　　　　　　　　　　　　　　　图3-12

08 将时间标签放置在0:00:01:00的位置,选择矩形工具▢,在"合成"面板中拖曳鼠标,绘制一个矩形蒙版,如图3-13所示。按两次M键展开"蒙版"属性。单击"蒙版路径"左侧的"关键帧自动记录器"按钮⊙,如图3-14所示,记录第1个蒙版路径关键帧。

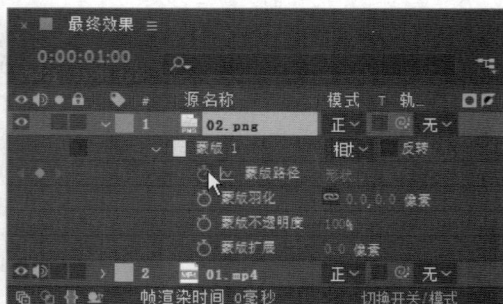

图3-13　　　　　　　　　　　　　　　　图3-14

09 将时间标签放置在0:00:02:00的位置,选择选取工具▶,在"合成"面板中,同时选中矩形蒙版右侧的两个控制点,如图3-15所示,向右拖曳到图3-16所示的位置,再次记录一个关键帧。

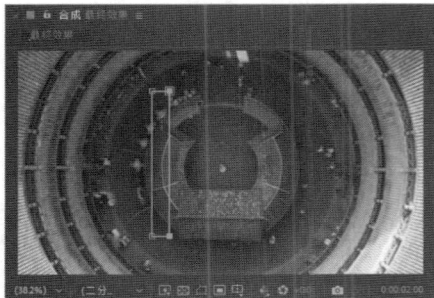

图3-15　　　　　　　　　　图3-16

矩形遮罩效果制作完成，"合成"面板中的效果如图3-17所示。

图3-17

任务知识

3.2.1 使用蒙版设计图形

01 在"项目"面板中单击鼠标右键，在弹出的快捷菜单中选择"新建合成"命令，弹出"合成设置"对话框，在"合成名称"文本框中输入"蒙版演示"，其他选项的设置如图3-18所示，设置完成后，单击"确定"按钮。

02 在"项目"面板中双击，在弹出的"导入文件"对话框中选择学习资源中的"基础素材\项目3\02.jpg、03.png～05.png"文件，单击"打开"按钮，将文件导入"项目"面板，如图3-19所示。

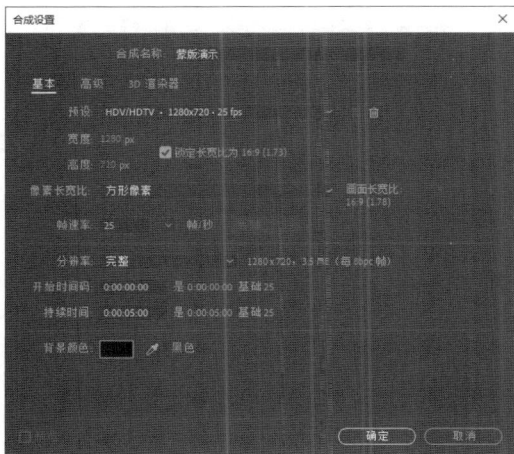

图3-18

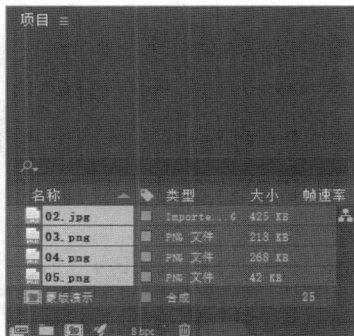

图3-19

03 在"项目"面板中保持文件的选中状态，将其拖曳到"时间轴"面板中，图层的排列顺序如图3-20所示。单击"05.png"图层和"04.png"图层左侧的眼睛按钮 👁，将这两个图层隐藏，如图3-21所示。选中"03.png"图层，选择椭圆工具 ⬭，在"合成"面板中拖曳鼠标，绘制圆形蒙版，效果如图3-22所示。

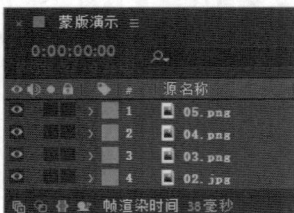

图3-20　　　　　　　　　　图3-21　　　　　　　　　　　　图3-22

04 选中"04.png"图层，单击此图层最左侧的方框，显示此图层，如图3-23所示。选择矩形工具 ▭，在"合成"面板中拖曳鼠标绘制矩形蒙版，效果如图3-24所示。

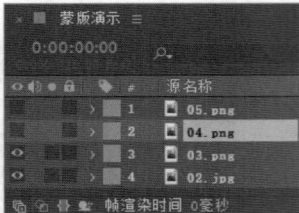

图3-23　　　　　　　　　　　　图3-24

05 选中"05.png"图层，单击此图层最左侧的方框，显示此图层，如图3-25所示。选择钢笔工具 ✒，沿着"合成"面板中相框的轮廓进行绘制，如图3-26所示。

图3-25　　　　　　　　　　　　图3-26

3.2.2 调整蒙版形状

选择钢笔工具 ，在"合成"面板中绘制蒙版，如图3-27所示。远择转换"顶点"工具 ，单击一个节点，则该节点处的线段转换为折角；在折角处拖曳鼠标可以拖出调节手柄，拖曳调节手柄可以调整线段的弧度，如图3-28所示。

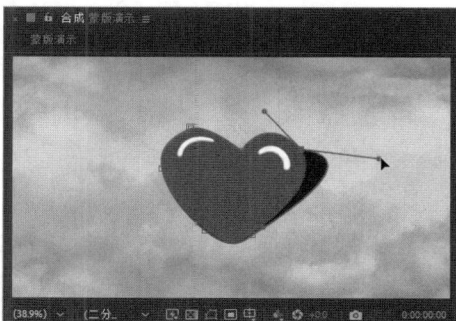

图3-27　　　　　　　　　　　　　　　　　　　　图3-28

使用添加"顶点"工具 和删除"顶点"工具 可以添加和删除节点。选择添加"顶点"工具 ，将鼠标指针移动到需要添加节点的线段处，单击，则该线段会添加一个节点，如图3-29所示；选择删除"顶点"工具 ，单击任意节点，则该节点被删除，如图3-30所示。

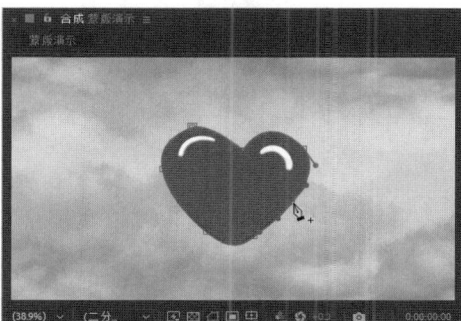

图3-29　　　　　　　　　　　　　　　　　　　　图3-30

使用蒙版羽化工具 可以对蒙版进行羽化处理。选择蒙版羽化工具 ，将鼠标指针移动到线段上，当鼠标指针变为 形状时，如图3-31所示，单击可添加一个控制点。拖曳该控制点可以对蒙版进行羽化处理，如图3-32所示。

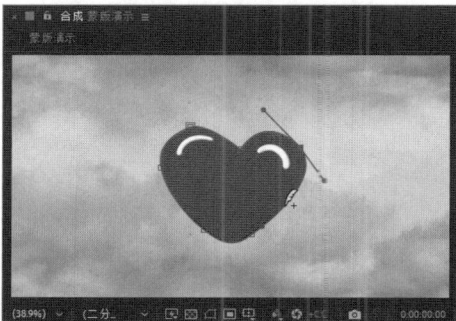

图3-31　　　　　　　　　　　　　　　　　　　　图3-32

3.2.3 蒙版的变换

选择选取工具▶，在蒙版边线上双击，会创建一个蒙版控制框，将鼠标指针移动到控制框的右上角，当鼠标指针变为↰形状时，拖曳鼠标可以对整个蒙版进行旋转，如图3-33所示；将鼠标指针移动到控制框内部，当鼠标指针变为▶形状时，拖曳鼠标可以调整该控制框的位置，如图3-34所示。

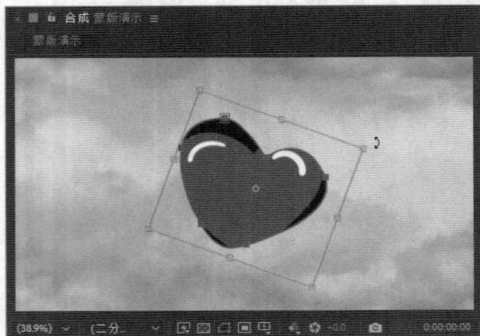

图3-33   图3-34

任务3.3 掌握蒙版的基本操作

在After Effects 2024中，可以使用多种方式来编辑蒙版，还可以在"时间轴"面板中调整蒙版的属性，用蒙版制作动画。下面对蒙版的基本操作进行详细讲解。

任务实践 制作端午节加载页面

任务目标 学习蒙版的基本操作。

任务要点 使用"导入"命令导入素材文件，使用矩形工具制作蒙版效果，使用"时间轴"面板设置蒙版的属性，使用"位置"属性制作加载动画效果。最终效果参考学习资源中的"项目3\制作端午节加载页面\制作端午节加载页面.aep"，如图3-35所示。

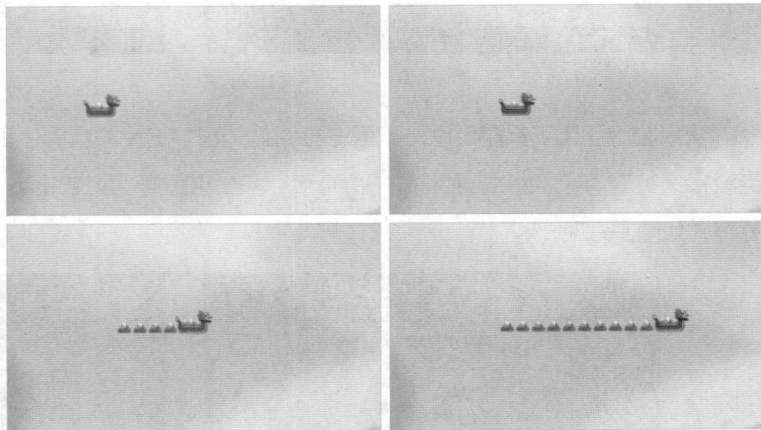

图3-35

任务操作

01 按Ctrl+N快捷键，弹出"合成设置"对话框，在"合成名称"文本框中输入"最终效果"，其他选项的设置如图3-36所示，单击"确定"按钮，创建一个新的合成。

02 选择"文件 > 导入 > 文件"命令，在弹出的"导入文件"对话框中，选择学习资源中的"项目3\制作端午节加载页面\（Footage）\01.jpg、02.png和03.png"文件，单击"导入"按钮，将选中的文件导入"项目"面板，如图3-37所示。

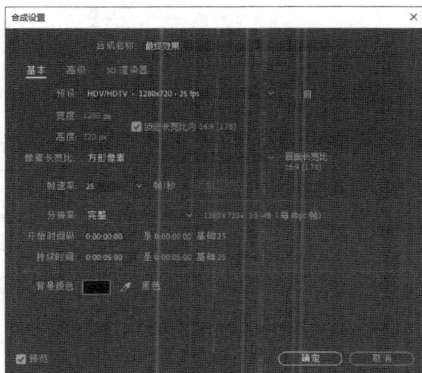

图3-36　　　　　　　　　　　　　　　　　　图3-37

03 在"项目"面板中选中"01.jpg"文件和"02.png"文件，将它们拖曳到"时间轴"面板中，图层的排列顺序如图3-38所示。"合成"面板中的效果如图3-39所示。

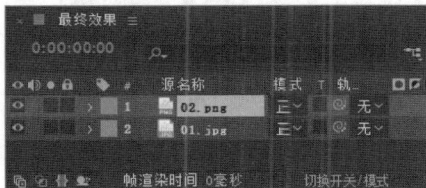

图3-38　　　　　　　　　　　　　　　　　　图3-39

04 选中"02.png"图层，按P键，展开"位置"属性，设置"位置"为329.0,340.8，单击"位置"左侧的"关键帧自动记录器"按钮，如图3-40所示，记录第1个关键帧。

05 将时间标签放置在0:00:03:00的位置，设置"位置"为961.0,340.8，如图3-41所示，记录第2个关键帧。

图3-40　　　　　　　　　　　　　　　　　　图3-41

06 在"项目"面板中选中"03.png"文件，将其拖曳到"时间轴"面板中，图层位置如图3-42所示。"合成"面板中的效果如图3-43所示。

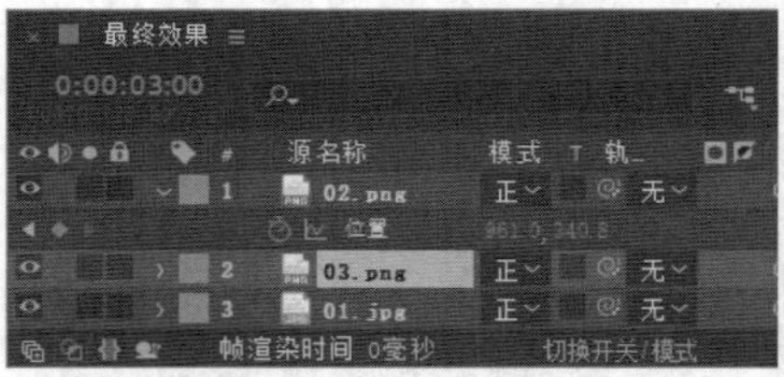

图3-42

图3-43

07 选中"03.png"图层，选择矩形工具▣，在"合成"面板中拖曳鼠标，绘制一个矩形蒙版，如图3-44所示。将时间标签放置在0:00:00:12的位置，按两次M键展开"蒙版"属性。单击"蒙版路径"左侧的"关键帧自动记录器"按钮◉，如图3-45所示，记录第1个蒙版路径关键帧。

图3-44

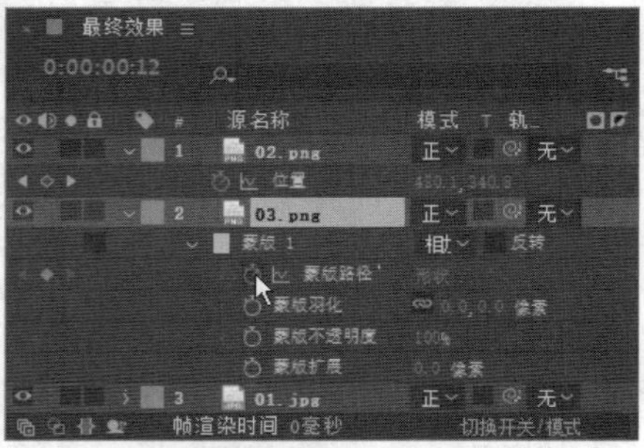

图3-45

08 将时间标签放置在0:00:03:00的位置，选择选取工具▶，在"合成"面板中，同时选中矩形蒙版右侧的两个控制点，向右拖曳到图3-46所示的位置，再次记录一个关键帧。端午节加载页面制作完成，"合成"面板中的效果如图3-47所示。

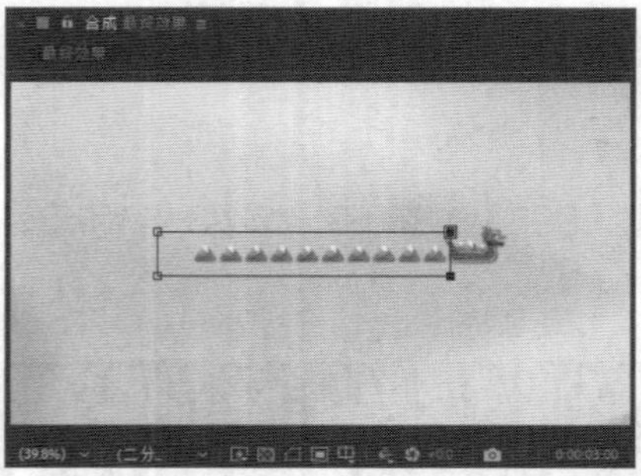

图3-46

图3-47

任务知识

3.3.1 编辑蒙版的多种方式

除创建蒙版的工具外，"工具"面板还提供了多种修整、编辑蒙版的工具。

选取工具▶： 使用此工具可以在"合成"面板或"图层"面板中选择和移动路径点或整个路径。

添加"顶点"工具： 使用此工具可以增加路径上的节点。

删除"顶点"工具： 使用此工具可以删除路径上的节点。

转换"顶点"工具： 使用此工具可以改变路径的曲率。

蒙版羽化工具： 使用此工具可以改变蒙版边缘的羽化程度。

> **提示**　如果"合成"面板中有很多图层，调整蒙版时就很有可能会受到干扰，不方便操作。建议双击目标图层，到"图层"面板中对蒙版进行各种操作。

1．节点的选择和移动

使用选取工具▶选中目标图层，单击路径上的节点，通过拖曳鼠标或按方向键可实现节点的移动；如果要取消选择节点，在空白处单击即可。

2．线的选择和移动

使用选取工具▶选中目标图层，单击路径上两个节点之间的线，通过拖曳鼠标或按方向键可实现线的移动；如果要取消选择线，在空白处单击即可。

3．多个节点或多条线的选择、移动、旋转和缩放

使用选取工具▶选中目标图层，首先单击路径上的第一个节点或第一条线，然后按住Shift键，再单击其他的节点或线，实现同时选择。也可以通过拖曳出一个选区，即用框选的方法进行多个节点、多条线的选择，或者全部选择。

同时选中这些节点或线之后，在被选的对象上双击，将出现一个控制框。利用这个控制框可以非常方便地进行移动、旋转和缩放等操作，如图3-48、图3-49和图3-50所示。

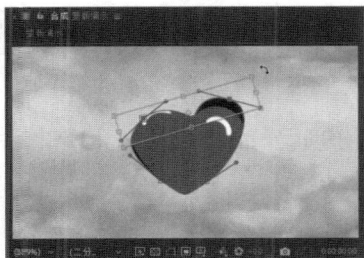 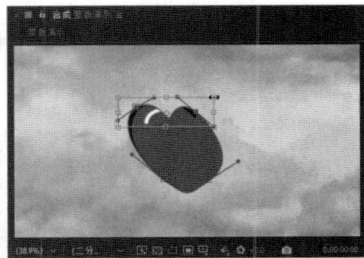

图3-48　　　　　　　　　　　　图3-49　　　　　　　　　　　　图3-50

全选路径的快捷方法如下。

（1）通过框选的方法将路径全选，不会出现控制框，如图3-51所示。

（2）按住Alt键再单击路径，也可完成路径的全选，同样不会出现控制框。

（3）在没有选择多个节点的情况下，在路径上双击，即可全选路径，并出现一个控制框。

（4）在"时间轴"面板中，选中有蒙版的图层，按两次M键，展开"蒙版"属性，如图3-52所示，单击属性名称或蒙版名称即可全选路径，此方法也不会出现控制框。

图3-51 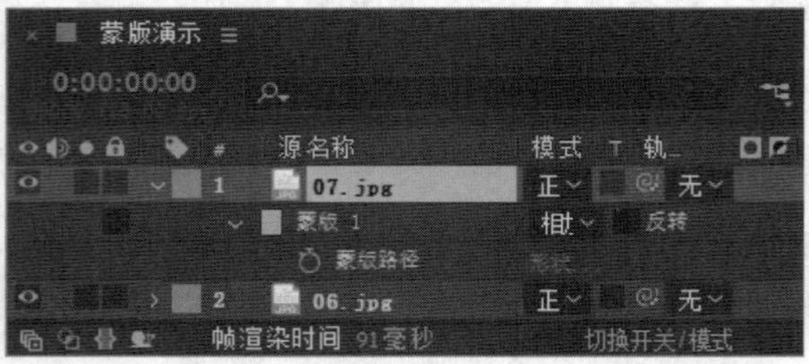　　　　　　　　　　　　图3-52

提示 将节点全部选中，选择"图层 > 蒙版和形状路径 > 自由变换点"命令，或按Ctrl+T快捷键可出现控制框。

4. 调整蒙版的层次

当图层中含有多个蒙版时，就存在上下层的关系，此关系关联到非常重要的部分——蒙版混合模式的选择，因为After Effects 2024处理多个蒙版时是从上至下的，所以上下层关系将直接影响最终的混合效果。

在"时间轴"面板中，选中某个蒙版，上下拖曳即可改变蒙版的层次，如图3-53所示。

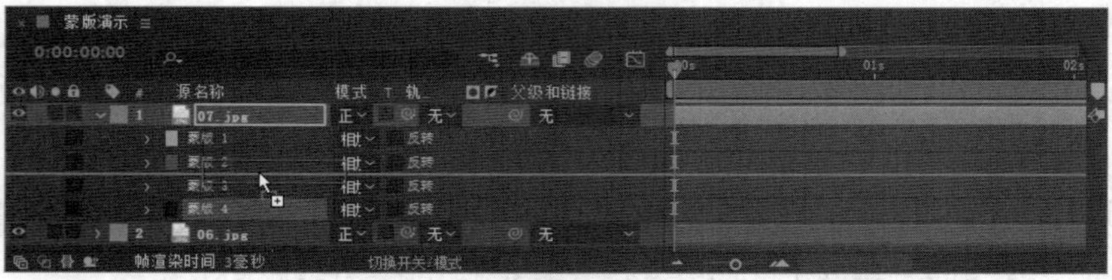

图3-53

在"合成"面板或"图层"面板中，可以通过选中蒙版，然后选择以下菜单命令或按以下快捷键，实现蒙版层次的调整。

选择"图层 > 排列 > 将蒙版置于顶层"命令，或按Ctrl+Shift+] 快捷键，可将选中的蒙版放置到顶层。

选择"图层 > 排列 > 使蒙版前移一层"命令，或按Ctrl+] 快捷键，可将选中的蒙版往上移动一层。

选择"图层 > 排列 > 使蒙版后移一层"命令，或按Ctrl + [快捷键，可将选中的蒙版往下移动一层。

选择"图层 > 排列 > 将蒙版置于底层"命令，或按Ctrl+ Shift+ [快捷键，可将选中的蒙版放置到底层。

3.3.2 在"时间轴"面板中设置蒙版的属性

蒙版不只是一个简单的轮廓，它具有多个属性。在"时间轴"面板中，可以对蒙版的属性进行详细设置。

　　单击图层标签颜色左侧的小箭头按钮█，展开图层的属性，如果图层含有蒙版，就可以看到蒙版。单击蒙版名称左侧的小箭头按钮█，即可展开所有蒙版路径，单击任意蒙版路径颜色左侧的小箭头按钮█，即可展开此蒙版路径的属性，如图3-54所示。

提示　选中某个图层，连续按两次M键　即可展开此图层蒙版路径的所有属性。

图3-54

　　设置蒙版路径颜色：单击"蒙版颜色"按钮█，可以弹出颜色对话框，选择合适的颜色加以区别。

　　设置蒙版路径名称：按Enter键即可出现修改输入框，修改完成后再次按Enter键即可。

　　设置蒙版混合模式：当本层含有多个蒙版时，可以在此选择各种混合模式。需要注意的是，多个蒙版的上下层次关系对混合模式产生的最终效果有很大影响。

　　无：蒙版无模式。选择此模式的路径将不具有蒙版作用，仅仅作为路径存在，作为勾边、光线动画或者路径动画的依据，如图3-55和图3-56所示。

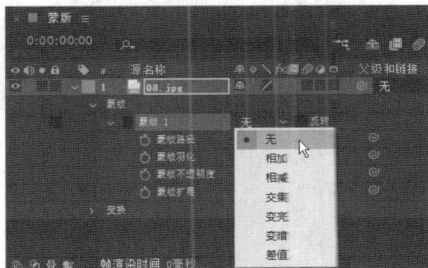

图3-55　　　　　　　　　　　　　　　　　图3-56

　　相加：蒙版相加模式。将当前蒙版区域与之上的蒙版区域进行相加处理，对于蒙版重叠处的不透明度则采取在不透明度的值的基础上再进行一个百分比相加的方式处理。例如，某蒙版作用前，蒙版重叠区域画面的不透明度为50%，如果当前蒙版的不透明度是50%，运算后最终得出的蒙版重叠区域画面的不透明度是70%，如图3-57和图3-58所示。

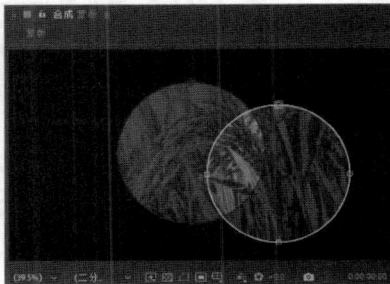

图3-57　　　　　　　　　　　　　　　　　图3-58

相减：蒙版相减模式。将当前蒙版上方所有蒙版组合的结果相减，当前蒙版区域内容不显示。如果同时调整蒙版的不透明度，则不透明度越高，蒙版重叠区域越透明，相减混合效果越明显；而不透明度越低，蒙版重叠区域内越不透明，相减混合效果越弱，如图3-59和图3-60所示。例如，某蒙版作用前，蒙版重叠区域的不透明度为80%，如果当前蒙版设置的不透明度为50%，运算后最终得出的蒙版重叠区域的不透明度为40%，如图3-61和图3-62所示。

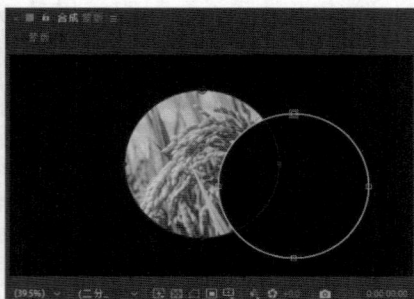

上下两个蒙版的不透明度都为100%的情况

图3-59

图3-60

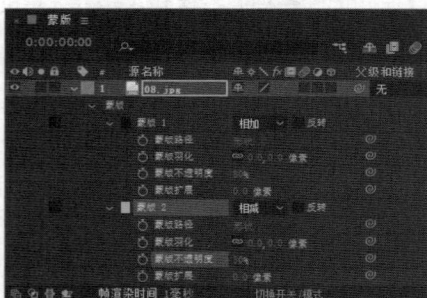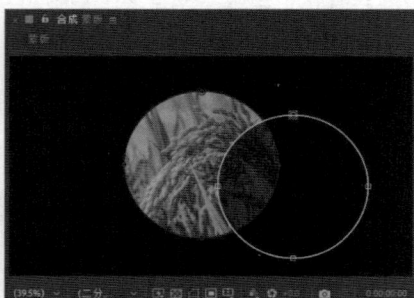

上方蒙版的不透明度为80%，下方蒙版的不透明度为50%的情况

图3-61

图3-62

交集：蒙版交集模式。采取交集方式混合蒙版，只显示当前蒙版与上方所有蒙版组合的结果相交部分的内容，相交区域的不透明度在上方蒙版的基础上再进行一个百分比运算，如图3-63和图3-64所示。例如，某蒙版作用前，蒙版重叠区域的不透明度为60%，如果当前蒙版设置的不透明度为50%，运算后最终得出的蒙版重叠区域的不透明度为30%，如图3-65和图3-66所示。

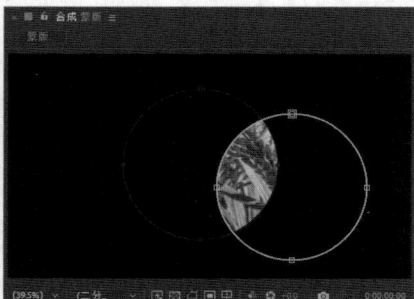

上下两个蒙版的不透明度都为100%的情况

图3-63

图3-64

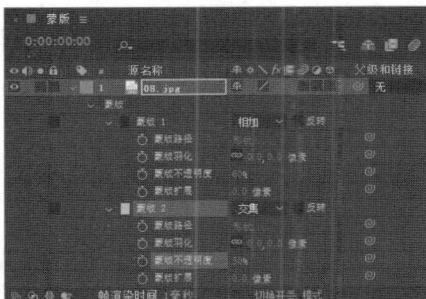

上方蒙版的不透明度为60%，下方蒙版的不透
明度为50%的情况

图3-65　　　　　　　　　　　　　　图3-66

　　变亮：蒙版变亮模式。对可视区域来说，此模式与"相加"模式一样，但对于蒙版重叠区域的不透
明度，采用的则是不透明度较高的那个值。例如，某蒙版作用前，蒙版重叠区域的不透明度为60%，如
果当前蒙版设置的不透明度为80%，运算后最终得出的蒙版重叠区域的不透明度为80%，如图3-67和
图3-68所示。

图3-67　　　　　　　　　　　　　　图3-68

　　变暗：蒙版变暗模式。对可视区域来说，此模式与"相减"模式一样，但对于蒙版重叠区域的不透
明度，采用的则是不透明度较低的那个值。例如，某蒙版作用前，蒙版重叠区域的不透明度为40%，如
果当前蒙版设置的不透明度为100%，运算后最终得出的蒙版重叠区域的不透明度为40%，如图3-69和
图3-70所示。

图3-69　　　　　　　　　　　　　　图3-70

　　差值：蒙版差值模式。此模式对可视区域采取的是并集减交集的方式。也就是说，先将当前蒙版
与上方所有蒙版组合的结果进行并集运算，然后再将当前蒙版与上方所有蒙版组合的结果的相交部分相
减。关于不透明度，与上方蒙版组合结果未相交的部分采用当前蒙版的不透明度设置，相交部分则采用

两者的差值，如图3-71和图3-72所示。例如，某蒙版作用前，蒙版重叠区域的不透明度为40%，如果当前蒙版设置的不透明度为60%，运算后最终得出的蒙版重叠区域的不透明度为20%，当前蒙版未重叠区域的不透明度为60%，如图3-73和图3-74所示。

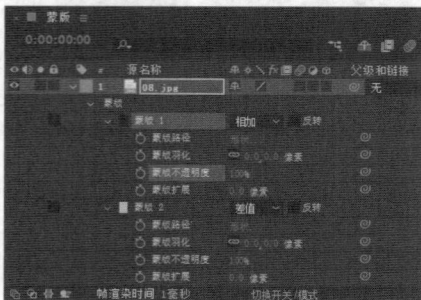

上下两个蒙版的不透明度都为100%的情况

图3-71

图3-72

上方蒙版的不透明度为40%，下方蒙版的不透明度为60%的情况

图3-73

图3-74

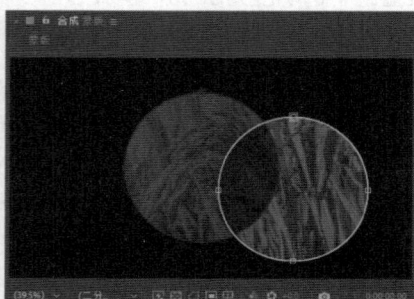

反转： 将蒙版进行反转处理，如图3-75和图3-76所示。

未激活反转时的情况

图3-75

激活反转时的情况

图3-76

设置蒙版动画的属性区： 在该区域可以为各蒙版属性添加关键帧动画效果。

蒙版路径：用于设置蒙版的形状。单击右侧的"形状…"，或选择"图层 > 蒙版 > 蒙版形状"命令，可以打开"蒙版形状"对话框。

蒙版羽化：蒙版羽化控制，可以通过羽化蒙版得到更自然的融合效果，如图3-77所示，并且 x 轴和 y 轴方向可以有不同的羽化程度。单击"蒙版羽化"右侧的 按钮，可以将两个轴向锁定或解除锁定。

蒙版不透明度：调整蒙版的不透明度，如图3-78和图3-79所示。

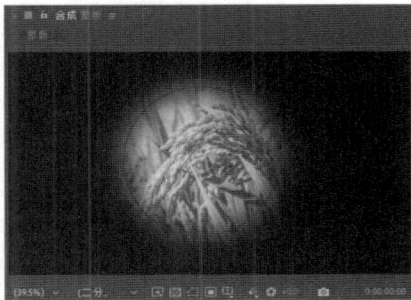

图3-77

不透明度为100%

图3-78

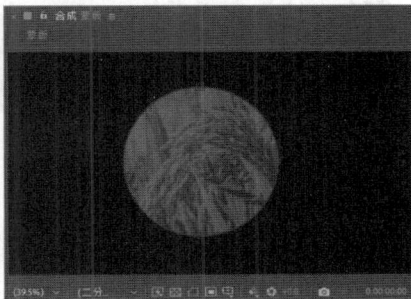

不透明度为50%

图3-79

蒙版扩展：调整蒙版的扩展程度，值为正时扩展蒙版区域，值为负时收缩蒙版区域，如图3-80和图3-81所示。

"蒙版扩展"为50像素

图3-80

"蒙版扩展"为-50像素

图3-81

项目实践　制作多图形蒙版效果

项目要点 使用"导入"命令导入素材，使用矩形工具添加蒙版，使用"蒙版路径"属性添加关键帧，制作动画效果。最终效果参考学习资源中的"项目3\制作多图形蒙版效果\制作多图形蒙版效果.aep"，如图3-82所示。

图3-82

课后习题 制作文字出现效果

习题要点 使用"导入"命令导入素材,使用椭圆工具添加蒙版,使用"蒙版路径"属性添加关键帧,制作动画效果,使用"蒙版扩展"属性制作文字出现效果。最终效果参考学习资源中的"项目3\制作文字出现效果\制作文字出现效果.aep",如图3-83所示。

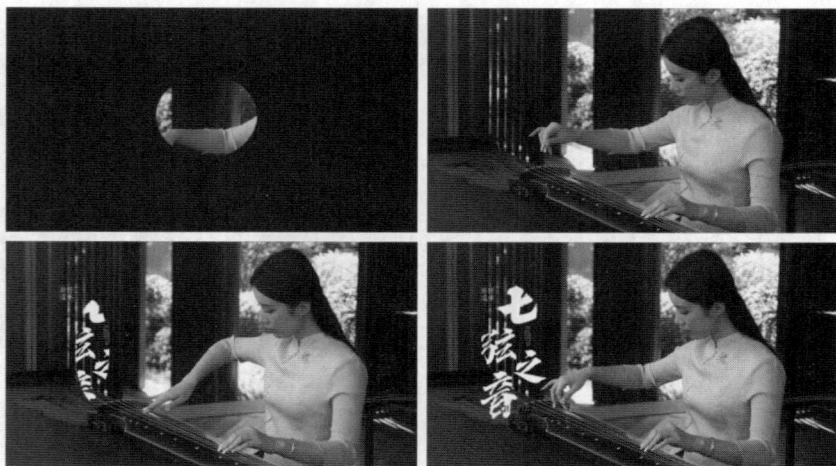

图3-83

项目 4

应用"时间轴"面板制作效果

"时间轴"面板是After Effects 2024的重要面板。本项目旨在帮助读者掌握"时间轴"面板的应用、关键帧的概念、关键帧的基本操作等。通过对本项目的学习,读者可以学会应用"时间轴"面板来制作视频效果。

学习目标

● 掌握"时间轴"面板的应用

● 理解关键帧的概念

● 掌握关键帧的基本操作

技能目标

● 掌握"瓷器展短视频"的制作方法

● 掌握"旅游动画效果"的制作方法

素养目标

● 培养使用"时间轴"面板来制作各种动画和效果,实现创意目标的能力

● 培养在制作复杂的动画效果时的专注力

● 培养不断实践、积极探索的能力

任务4.1 掌握"时间轴"面板的应用

在"时间轴"面板中，可以控制视频的播放速度，甚至倒放视频，还可以产生一些非常有趣、富有戏剧性的动态图像效果。

任务实践 制作瓷器展短视频

任务目标 学习使用"时间伸缩"命令制作动画倒放效果等。

任务要点 使用"时间伸缩"命令控制视频的播放时间，在"时间轴"面板中设置动画的入点和出点，使用"不透明度"属性制作不透明度动画。最终效果参考学习资源中的"项目4\制作瓷器展短视频\制作瓷器展短视频.aep"，如图4-1所示。

图4-1

任务操作

01 按Ctrl+N快捷键，弹出"合成设置"对话框，在"合成名称"文本框中输入"最终效果"，其他选项的设置如图4-2所示，单击"确定"按钮，创建一个新的合成。

02 选择"文件 > 导入 > 文件"命令，在弹出的"导入文件"对话框中，选择学习资源中的"项目4\制作瓷器展短视频\（Footage）\ 01.mp4、02.mp3和03.png"文件，单击"导入"按钮，将文件导入"项目"面板。

03 在"项目"面板中选中"01.mp4"文件，将其拖曳到"时间轴"面板中。"合成"面板中的效果如图4-3所示。

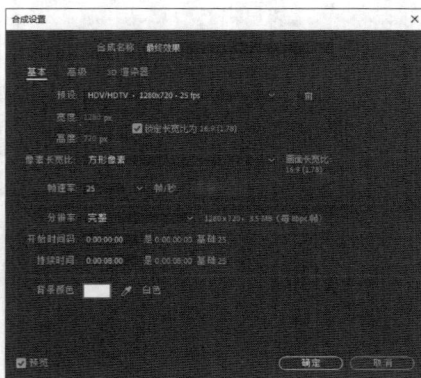

图4-2

图4-3

04 保持"01.mp4"图层的选中状态，选择"图层 > 时间 > 时间伸缩"命令，弹出"时间延长"对话框，设置"拉伸因数"为-93%，如图4-4所示，单击"确定"按钮。时间标签自动移到0:00:00:00的位置，如图4-5所示。

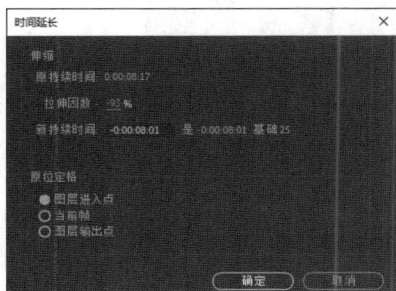

图4-4   图4-5

05 按 [键将素材对齐，如图4-6所示，实现倒放功能。"合成"面板中的效果如图4-7所示。

图4-6   图4-7

06 在"项目"面板中选中"02.mp3"文件，将其拖曳到"时间轴"面板中，并放置在"01.mp4"图层的下方，如图4-8所示。

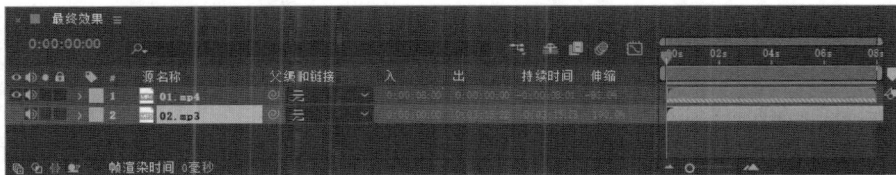

图4-8

07 保持"02.mp3"图层的选中状态，选择"图层 > 时间 > 时间伸缩"命令，弹出"时间延长"对话框，设置"拉伸因数"为90%，如图4-9所示，单击"确定"按钮，完成时间伸缩的设置。"时间轴"面板如图4-10所示。

图4-9   图4-10

08 在"项目"面板中选中"03.png"文件，将其拖曳到"时间轴"面板中，图层的排列顺序如图4-11所示。"合成"面板中的效果如图4-12所示。

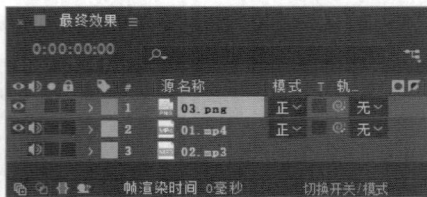

图4-11　　　　　　　　　　　　　　图4-12

09 保持"03.png"图层的选中状态，将时间标签放置在0:00:02:00的位置，按 [键，设置动画的入点，如图4-13所示。

图4-13

10 按T键，展开"不透明度"属性，设置"不透明度"为0%，单击"不透明度"左侧的"关键帧自动记录器"按钮，如图4-14所示，记录第1个关键帧。将时间标签放置在0:00:03:00的位置，设置"不透明度"为100%，如图4-15所示，记录第2个关键帧。

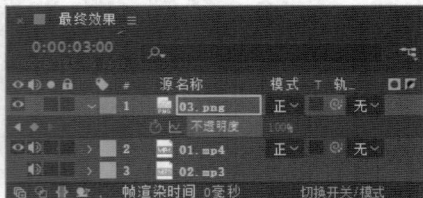

图4-14　　　　　　　　　　　　　　图4-15

11 将时间标签放置在0:00:05:00的位置，单击"不透明度"左侧的"在当前时间添加或移除关键帧"按钮，如图4-16所示，记录第3个关键帧。将时间标签放置在0:00:06:00的位置，设置"不透明度"为0%，如图4-17所示，记录第4个关键帧。瓷器展短视频制作完成。

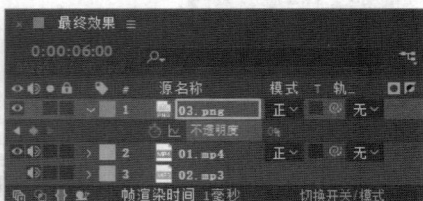

图4-16　　　　　　　　　　　　　　图4-17

任务知识

4.1.1 使用“时间轴”面板控制视频的播放速度

选择“文件 > 打开项目”命令，选择学习资源中的“基础素材\项目4\中秋佳节\中秋佳节.aep”文件，单击“打开”按钮打开文件。

在“时间轴”面板中，单击按钮，展开时间“伸缩”属性，如图4-18所示。默认情况下，“伸缩”为100%，表示以正常速度播放；“伸缩”小于100%时，会加快播放速度；“伸缩”大于100%时，将减慢播放速度。由于时间“伸缩”属性不能形成关键帧，因此不能用它来制作变速动画效果。

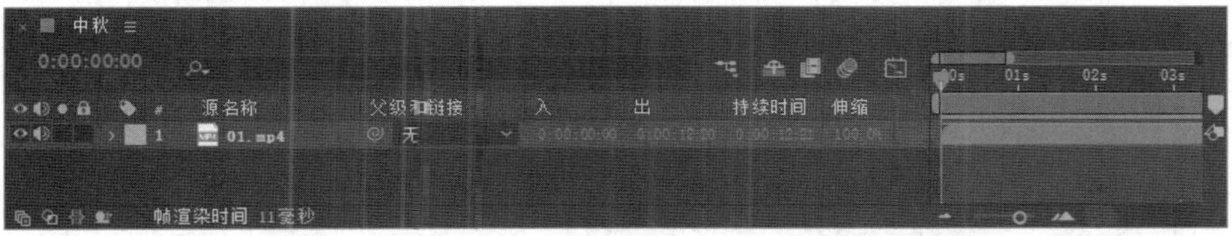

图4-18

4.1.2 控制音频的播放速度

After Effects 2024还可以对音频应用“伸缩”属性。调整音频图层的“伸缩”属性，如图4-19所示，播放音频，可以发现音频的播放速度发生了变化。

如果某个素材图层同时包含音频和视频信息，在进行“伸缩”属性的调整时，希望只影响视频，音频保持正常速度播放，只需将该素材图层复制一份，两个图层中，一个关闭视频部分，保留音频部分，不调整“伸缩”属性；另一个关闭音频部分，保留视频部分，调整“伸缩”属性。

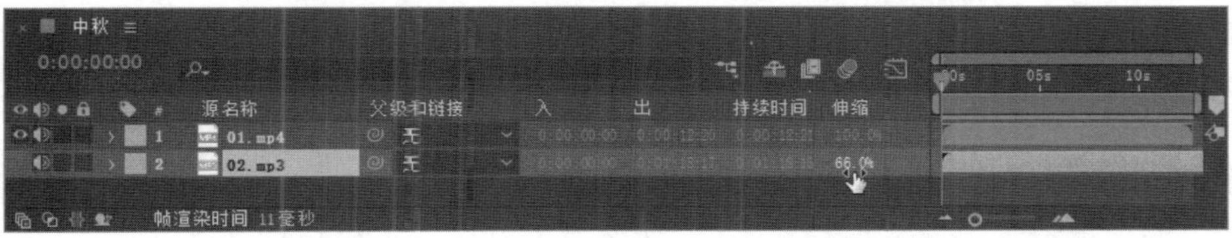

图4-19

4.1.3 使用“入”和“出”属性

“入”和“出”属性可以方便地控制图层的入点和出点信息，它们还隐藏了一些快捷功能，通过这些快捷功能可以改变素材片段的播放速度。

在“时间轴”面板中，将时间标签调整到某个位置，按住Ctrl键，单击“入”或“出”的值，可改变素材片段的播放时长，如图4-20所示。

图4-20

4.1.4 关键帧设置

如果素材图层中已经制作了关键帧动画，那么在调整其"伸缩"属性时，不仅会影响其本身的播放速度，关键帧之间的距离也会随之改变。例如，如果将"伸缩"设置为50%，原来关键帧之间的距离就会缩短一半，关键帧动画播放速度则翻倍，如图4-21所示。

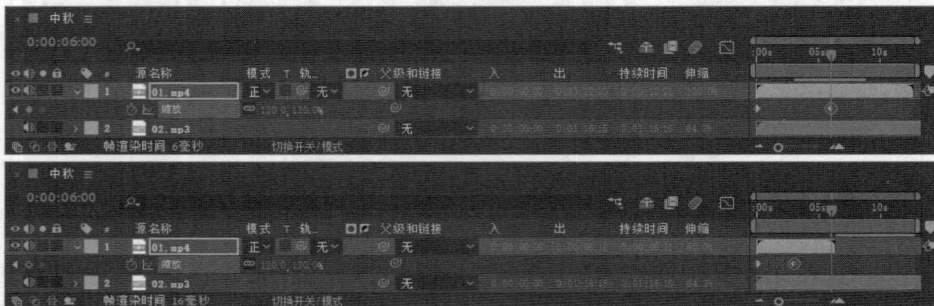

图4-21

如果不希望调整"伸缩"属性时影响关键帧的位置，则需要全选当前图层的关键帧，选择"编辑 > 剪切"命令，或按Ctrl+X快捷键，暂时将关键帧信息剪切到系统剪贴板中，等调整"伸缩"属性，改变素材图层的播放速度后，再选取使用关键帧的属性，选择"编辑 > 粘贴"命令，或按Ctrl+V快捷键，将关键帧粘贴回当前图层。

4.1.5 颠倒时间

利用"伸缩"属性可以很方便地实现视频倒放，只需把"伸缩"调整为负值。例如，将"伸缩"设置为-100%，如图4-22所示。

图4-22

当"伸缩"被设置为负值时，图层上会出现蓝色的斜线，表示颠倒了时间，但是图层会移动到别的地方。颠倒时间的过程中是以图层的入点为变化基准的，所以反向时图层位置发生了变动，将图层拖曳到合适位置即可。

4.1.6　确定时间调整的基准点

在After Effects 2024中，时间调整的基准点是可以改变的。

单击"伸缩"参数，弹出"时间延长"对话框，在对话框中的"原位定格"区域可以选择改变时间伸缩值时图层变化的基准点，如图4-23所示。

图层进入点：以图层入点为基准，也就是在调整过程中固定入点位置。

当前帧：以当前时间标签为基准，也就是在调整过程中同时影响入点和出点位置。

图层输出点：以图层出点为基准，也就是在调整过程中固定出点位置。

图4-23

4.1.7　应用"时间重映射"属性

在"时间轴"面板中选择视频素材图层，选择"图层 > 时间 > 启用时间重映射"命令，或按Ctrl+Alt+T快捷键，激活"时间重映射"属性，如图4-24所示。

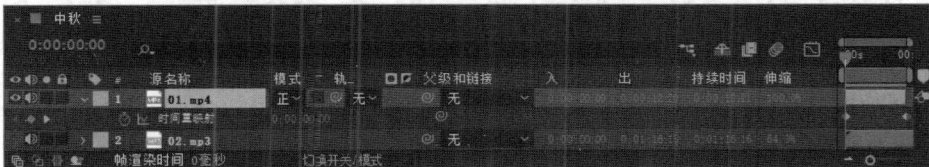

图4-24

激活"时间重映射"属性后自动在视频素材图层的入点和出点位置分别加入一个关键帧，入点位置的关键帧记录了片段的0:00:00:00这个时间点，出点位置的关键帧记录了片段最后的时间点，也就是0:00:12:20。

4.1.8　时间重映射的方法

01 在"时间轴"面板中，拖曳时间标签到0:00:05:00位置，选中"01.mp4"图层，单击"在当前时间添加或移除关键帧"按钮■，如图4-25所示，生成一个关键帧，该关键帧记录了片段的0:00:05:00这个时间点。

图4-25

02 将刚刚生成的关键帧移动到0:00:02:00的位置，如图4-26所示，这样得到的结果就是从开始到0:00:02:00的位置，会播放0:00:00:00到0:00:05:00的片段内容。因此，从开始到0:00:02:00时，素材片段会快速播放，而0:00:02:00以后，素材片段会慢速播放，因为最后的那个关键帧并没有发生位置移动。

图4-26

03 按0键预览动画效果。

04 按任意键结束预览，再次将时间标签移动到0:00:05:00的位置，选中"01.mp4"图层，单击"在当前时间添加或移除关键帧"按钮 ，生成一个关键帧，该关键帧记录了片段的0:00:07:04这个时间点，如图4-27所示。

图4-27

05 将记录了片段的0:00:07:04时间点的关键帧移动到0:00:01:00的位置，如图4-28所示，这样得到的结果就是从开始到0:00:01:00的位置，会播放0:00:00:00到0:00:07:04的片段内容，速度非常快；从0:00:01:00到0:00:02:00的位置，会反向播放0:00:07:04到0:00:05:00的片段内容；0:00:02:00到最后，会重新播放0:00:05:00到0:00:12:20的片段内容。

图4-28

06 单击"时间轴"面板中的"图表编辑器"按钮 ，进入图表编辑器，可以看到关键帧的运动速率，如图4-29所示。

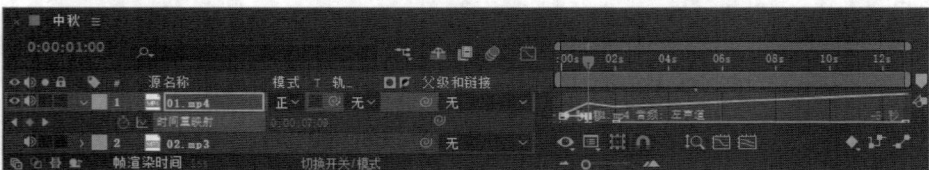

图4-29

任务4.2 理解关键帧的概念

在After Effects 2024中，包含关键信息的帧称为关键帧。锚点、旋转和不透明度等所有能够用数值表示的信息都包含在关键帧中。

After Effects 2024依据前后两个关键帧识别动画开始和结束的状态，并自动计算中间的动画过程（此过程也叫插值运算），产生视觉动画。这意味着，要产生关键帧动画，就必须拥有两个或两个以上有变化的关键帧。

任务4.3 掌握关键帧的基本操作

在After Effects 2024中，可以添加、选择和编辑关键帧，还可以使用关键帧自动记录器来记录关键帧。下面将对关键帧的基本操作进行具体讲解。

任务实践 **制作旅游动画效果**

任务目标 学习关键帧的基本操作，使用关键帧制作旅游动画效果。

任务要点 使用Ctrl+N快捷键创建合成，使用"导入"命令导入素材文件，使用"位置"属性、"不透明度"属性和"旋转"属性制作动画效果。最终效果参考学习资源中的"项目4\制作旅游动画效果\制作旅游动画效果.aep"，如图4-30所示。

图4-30

任务操作

01 按Ctrl+N快捷键，弹出"合成设置"对话框，在"合成名称"文本框中输入"最终效果"，其他选项的设置如图4-31所示，单击"确定"按钮，创建一个新的合成。

02 选择"文件 > 导入 > 文件"命令，在弹出的"导入文件"对话框中，选择学习资源中的"项目4\制作旅游动画效果\（Footage）\ 01.mp4、02.png ~ 04.png"文件，单击"导入"按钮，将文件导入"项目"面板。

03 在"项目"面板中选中"01.mp4"文件，将其拖曳到"时间轴"面板中。"合成"面板中的效果如图4-32所示。

图4-31　　　　　　　　　　　图4-32

04 保持"01.mp4"图层的选中状态，选择"效果 > 颜色校正 > Lumetri颜色"命令，在"效果控件"面板中进行参数设置，如图4-33所示。"合成"面板中的效果如图4-34所示。

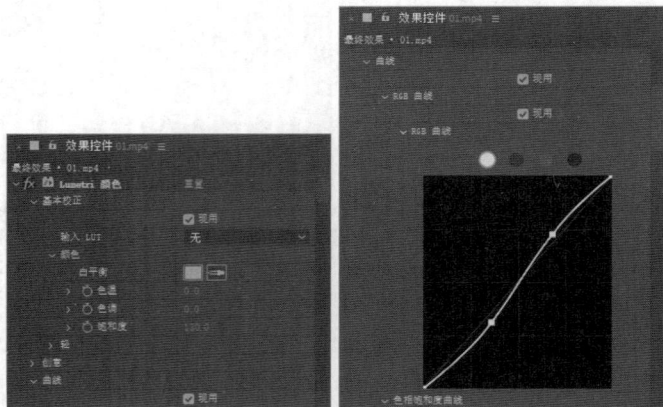

图4-33　　　　　　　　　　　图4-34

05 在"项目"面板中选中"02.png"文件，将其拖曳到"时间轴"面板中，如图4-35所示。"合成"面板中的效果如图4-36所示。

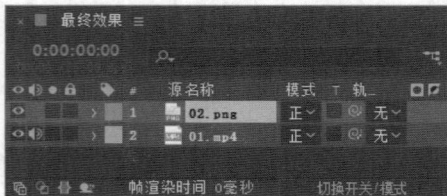

图4-35　　　　　　　　　　　图4-36

06 保持时间标签在0:00:00:00的位置，按P键，展开"位置"属性，设置"位置"为640.0,916.0，单击"位置"左侧的"关键帧自动记录器"按钮，如图4-37所示，记录第1个关键帧。将时间标签放置在0:00:00:20的位置，设置"位置"为640.0,360.0，如图4-38所示，记录第2个关键帧。

图4-37

图4-38

07 单击 "位置",将该属性的关键帧全部选中,按F9键,将选中的关键帧转为缓动关键帧,如图4-39 所示。

图4-39

08 在 "时间轴"面板中单击 "图表编辑器"按钮 ,进入图表编辑器,如图4-40所示。拖曳右侧控制点上的控制手柄到适当的位置,如图4-41所示。再次单击 "图表编辑器"按钮,退出图表编辑器。

图4-40

图4-41

09 在 "项目"面板中选中 "03.png"文件,将其拖曳到 "时间轴"面板中,如图4-42所示。"合成"面板中的效果如图4-43所示。

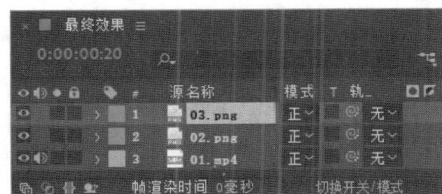

图4-42

图4-43

10 保持"03.png"图层的选中状态,按 [键,设置动画的入点。按S键,展开"缩放"属性,设置"缩放"为0.0,0.0%,单击"缩放"左侧的"关键帧自动记录器"按钮⊘,如图4-44所示,记录第1个关键帧。将时间标签放置在0:00:01:05的位置,设置"缩放"为100.0,100.0%,如图4-45所示,记录第2个关键帧。

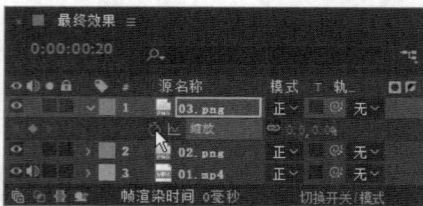

图4-44　　　　　　　　　　　　图4-45

11 单击"缩放",将该属性的关键帧全部选中,按F9键,将选中的关键帧转为缓动关键帧。在"时间轴"面板中单击"图表编辑器"按钮⊠,进入图表编辑器。拖曳右侧控制点上的控制手柄到适当的位置,如图4-46所示。再次单击"图表编辑器"按钮,退出图表编辑器。

图4-46

12 将时间标签放置在0:00:00:20的位置,按R键,展开"旋转"属性,单击"旋转"左侧的"关键帧自动记录器"按钮⊘,如图4-47所示,记录第1个关键帧。将时间标签放置在0:00:04:24的位置,设置"旋转"为1x+0.0°,如图4-48所示,记录第2个关键帧。

图4-47　　　　　　　　　　　　图4-48

13 按P键,展开"位置"属性,设置"位置"为823.5,169.8,如图4-49所示。"合成"面板中的效果如图4-50所示。

图4-49　　　　　　　　　　　　图4-50

14 在"项目"面板中选中"04.png"文件，将其拖曳到"时间轴"面板中，按P键，展开"位置"属性，设置"位置"为424.2,496.8，如图4-51所示。"合成"面板中的效果如图4-52所示。

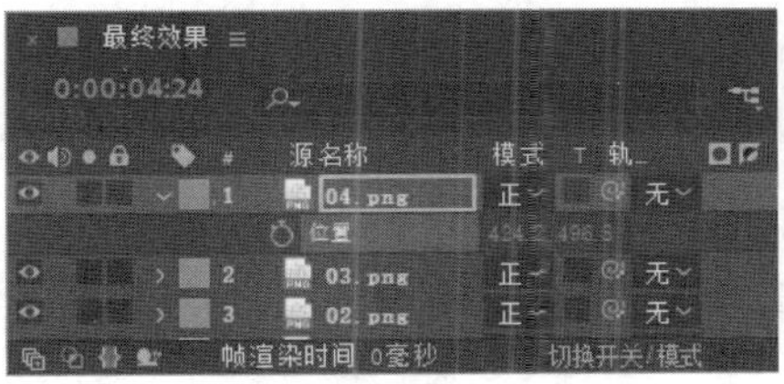

图4-51

图4-52

15 将时间标签放置在0:00:00:20的位置，按 [键，设置动画的入点。按T键，展开"不透明度"属性，设置"不透明度"为0%，单击"不透明度"左侧的"关键帧自动记录器"按钮，如图4-53所示，记录第1个关键帧。将时间标签放置在0:0C:01:05的位置，设置"不透明度"为100%，如图4-54所示，记录第2个关键帧。旅游动画效果制作完成。

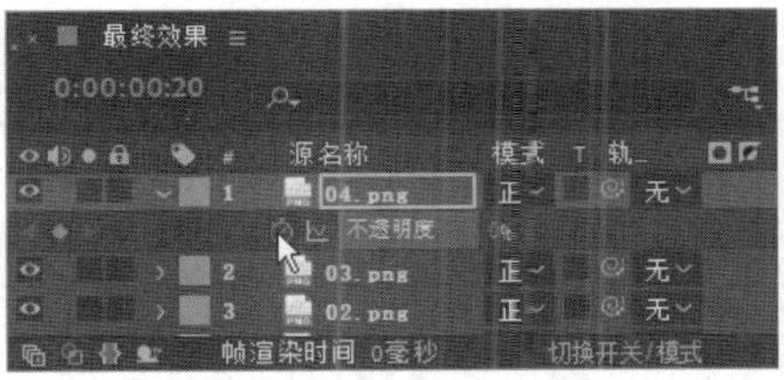

图4-53

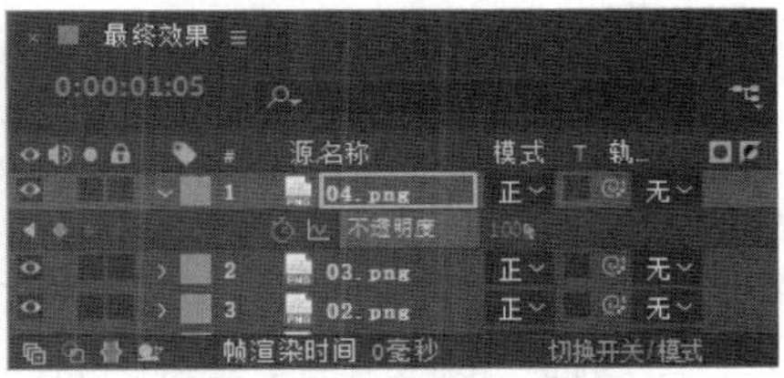

图4-54

任务知识

4.3.1 关键帧自动记录器

在After Effects 2024中，可以采用多种方法调整和设置图层的属性，但通常情况下，这种设置是针对整个持续时间的。如果要进行动画处理，则必须单击"关键帧自动记录器"按钮，记录两个或两个以上的有变化的关键帧，如图4-55所示。

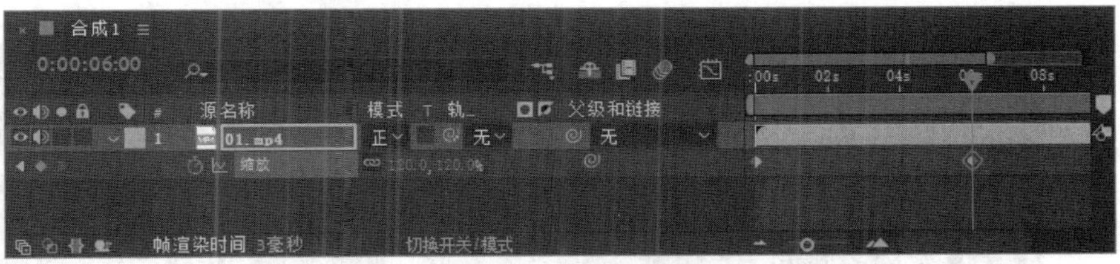

图4-55

　　某属性的关键帧自动记录器为启用状态时，After Effects 2024将自动记录当前时间标签下该属性的变动，形成关键帧。如果关闭属性的关键帧自动记录器，则该属性所有已有的关键帧将被删除，由于缺少关键帧，动画信息丢失，再次调整该属性时，将被视为针对整个持续时间进行调整。

4.3.2　添加关键帧

　　添加关键帧的方式有很多，基本方法是先激活某属性的关键帧自动记录器，然后改变属性的值，当前时间标签处就会形成关键帧，具体操作步骤如下。

01　选择某图层，通过单击小箭头按钮 ❯ 或按属性的快捷键，展开图层的属性。

02　将时间标签移动到要建立第1个关键帧的位置。

03　单击某属性左侧的"关键帧自动记录器"按钮 ◎，当前时间标签位置产生第1个关键帧，调整该属性的值。

04　将时间标签移动到要建立下一个关键帧的位置，在"合成"面板或"时间轴"面板中调整相应的图层属性，关键帧将自动产生。

05　按0键，预览动画。

> **提示**　如果某图层的蒙版属性启用了关键帧自动记录器，那么在"图层"面板中调整蒙版时也会产生关键帧信息。

　　另外，在"时间轴"面板中单击关键帧面板 ◀◇▶ 中间的 ◇ 按钮，也可以添加关键帧；如果是在已有关键帧的情况下单击此按钮，则会将已有的关键帧删除，其快捷键是Alt+Shift+属性快捷键，如Alt+Shift+P。

4.3.3　关键帧导航

　　上一小节中提到了关键帧面板，此面板最主要的功能就是关键帧导航，通过关键帧导航可以快速跳转到上一个或下一个关键帧，还可以方便地添加或者删除关键帧。如果此面板没有出现，单击"时间轴"面板左上方的 ▤ 按钮，在弹出的菜单中选择"列数 > A/V功能"命令即可打开此面板，如图4-56所示。

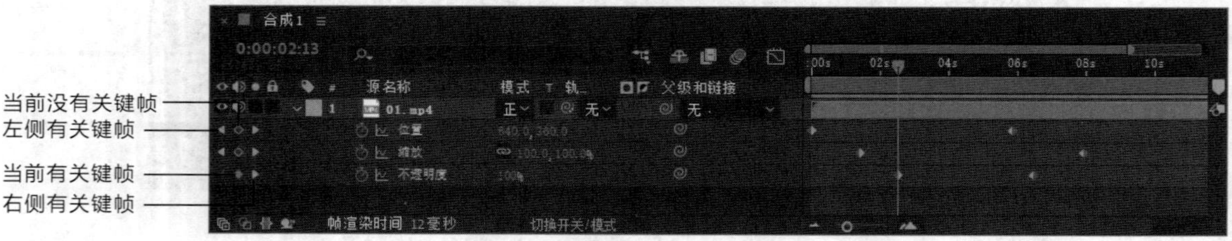

当前没有关键帧
左侧有关键帧

当前有关键帧
右侧有关键帧

图4-56

> **提示**　既然要对关键帧进行导航操作，就必须将关键帧呈现出来。按U键，可展示图层中所有关键帧动画信息。

◀: 单击该按钮，可以跳转到上一个关键帧，其快捷键是J。

▶: 单击该按钮，可以跳转到下一个关键帧，其快捷键是K。

"在当前时间添加或移除关键帧"按钮◇: 当前无关键帧，单击此按钮将生成关键帧。

"在当前时间添加或移除关键帧"按钮◆: 当前已有关键帧，单击此按钮将删除关键帧。

4.3.4　选择关键帧

1. 选择单个关键帧

在"时间轴"面板中，展开含有关键帧的属性，单击某个关键帧，此关键帧即被选中。

2. 选择多个关键帧

在"时间轴"面板中，按住Shift键，逐个单击关键帧，即可完成多个关键帧的选择。

在"时间轴"面板中，拖曳出一个选框，选框内的所有关键帧即被选中，如图4-57所示。

图4-57

3. 选择所有关键帧

单击图层的属性名称，即可选中该属性的所有关键帧，如图4-58所示。

图4-58

4.3.5　编辑关键帧

1. 修改关键帧的值

在"位置"属性对应的关键帧上双击，弹出"位置"对话框，如图4-59所示，在其中可修改当前关键帧对应的"位置"属性。

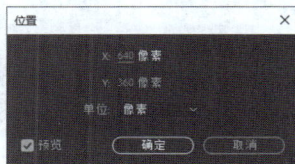

图4-59

提示 不同的属性关键帧对应的对话框也会不同，图4-59展现的是双击"位置"属性关键帧时弹出的对话框。

要调整关键帧，必须先选中关键帧，否则编辑关键帧操作将变成生成新的关键帧操作，如图4-60所示。

图4-60

提示 按住Shift键，移动时间标签，当前时间标签将自动对齐最近的一个关键帧；如果按住Shift键的同时移动关键帧，关键帧将自动对齐当前时间标签。

要同时改变某属性的几个或所有关键帧的值，需要同时选中这些关键帧，并确保当前时间标签刚好对齐被选中的某个关键帧，如图4-61所示。

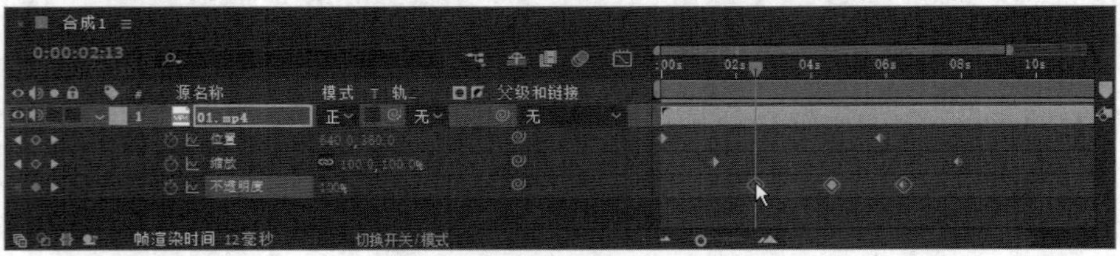

图4-61

2. 移动关键帧

选中一个或多个关键帧，拖曳鼠标即可移动选中的关键帧。也可以在拖曳时按住Shift键，将选中的关键帧锁定在当前时间标签的位置。

3. 复制关键帧

复制关键帧可以避免一些重复操作，大大提高创作效率，但是在粘贴前一定要注意当前选择的目标图层、目标图层的目标属性及当前时间标签的位置。具体操作步骤如下。

01 选中要复制的一个或多个关键帧，甚至是多个属性的多个关键帧，如图4-62所示。

图4-62

02 选择"编辑 > 复制"命令，将选中的多个关键帧复制。选择目标图层，将时间标签移动到目标时间的位置，如图4-63所示。

图4-63

03 选择"编辑 > 粘贴"命令，将复制的关键帧粘贴，按U键显示所有关键帧，如图4-64所示。

图4-64

提示 如果要将某属性的关键帧复制到本图层或其他图层的属性上，那么两个属性的数据类型必须是一致的。例如，将某个二维图层的"位置"属性的关键帧复制到另一个二维图层的"锚点"属性上，由于两个属性的数据类型是一致的，所以可以实现此操作，如图4-65所示。

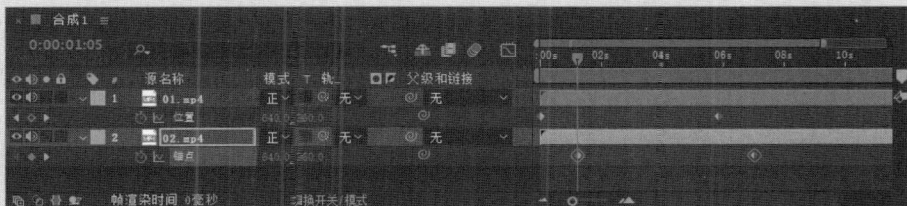

图4-65

提示 如果粘贴的关键帧与目标图层上的关键帧在同一位置，将覆盖目标图层上原来的关键帧。另外，图层的属性值在没有关键帧时也可以进行复制，通常用于不同图层间的属性统一操作。

4. 删除关键帧

选中需要删除的一个或多个关键帧，选择"编辑 > 清除"命令，可以删除选中的关键帧。

选中需要删除的一个或多个关键帧，按Delete键，即可删除选中的关键帧。

当前时间标签对齐关键帧时，关键帧面板中的"在当前时间添加或移除关键帧"按钮呈■状态，单击此状态下的这个按钮将删除当前关键帧，或按Alt+Shift+属性快捷键，删除当前关键帧。

如果要删除某属性的所有关键帧，则单击该属性的名称选中全部关键帧，然后按Delete键；或者单击该属性左侧的"关键帧自动记录器"按钮■，将其关闭。

项目实践　制作紫禁城短片效果

项目要点　使用"导入"命令导入视频与图片，使用"缩放"属性制作缩放效果，使用"位置"属性改变文字的位置，使用"启用时间重映射"命令添加并编辑关键帧。最终效果参考学习资源中的"项目4\制作紫禁城短片效果\制作紫禁城短片效果.aep"，如图4-66所示。

图4-66

课后习题　制作中秋节效果

习题要点　使用"导入"命令导入视频与图片，使用"时间伸缩"命令制作倒放效果，使用"位置"属性确定图像的位置，使用"缩放"属性制作文字动画效果。最终效果参考学习资源中的"项目4\制作中秋节效果\制作中秋节效果.aep"，如图4-67所示。

图4-67

项目 5

创建文字

本项目将讲解文字工具、文本图层、文字效果等，旨在帮助读者掌握创建文字的方法。通过学习本项目的内容，读者可以了解并掌握After Effects 2024中文字的创建方法和技巧。

学习目标

● 掌握创建文字的方法
● 掌握文字效果

技能目标

● 掌握"打字效果"的制作方法
● 掌握"工匠精神片头"的制作方法

素养目标

● 培养对After Effects 2024中文字工具的熟练应用能力
● 培养运用文字创造独特效果的能力

任务5.1 掌握文字的创建

在After Effects 2024中创建文字有以下两种方法。

方法一： 选择"工具"面板中的横排文字工具 **T** 或直排文字工具 **IT**，如图5-1所示。

图5-1

方法二： 选择"图层 > 新建 > 文本"命令，或按Ctrl+Alt+Shift+T快捷键，如图5-2所示。

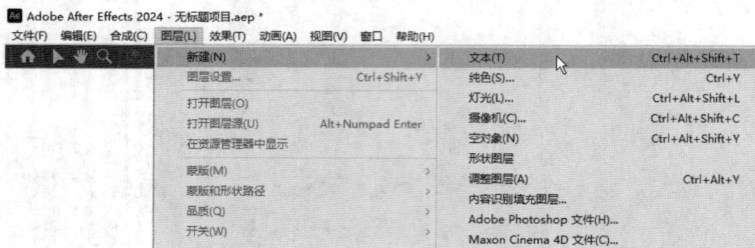

图5-2

任务实践 制作打字效果

任务目标 掌握创建文字的方法。

任务要点 使用直排文字工具输入文字，使用"文词处理器式进入"预设制作打字动画。最终效果参考学习资源中的"项目5\制作打字效果\制作打字效果.aep"，如图5-3所示。

图5-3

任务操作

01 按Ctrl+N快捷键，弹出"合成设置"对话框，在"合成名称"文本框中输入"最终效果"，其他选项的设置如图5-4所示，单击"确定"按钮，创建一个新的合成。选择"文件 > 导入 >文件"命令，在弹出的"导入文件"对话框中，选择学习资源中的"项目5\制作打字效果\（Footage）\01.mp4"文件，单击"导入"按钮，将选中的文件导入"项目"面板，如图5-5所示。

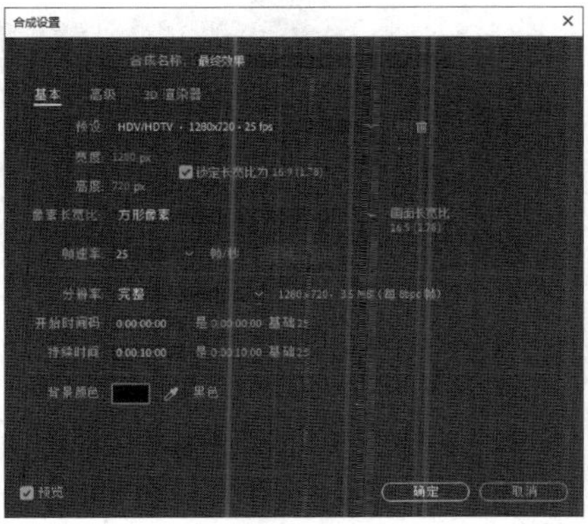

图5-4 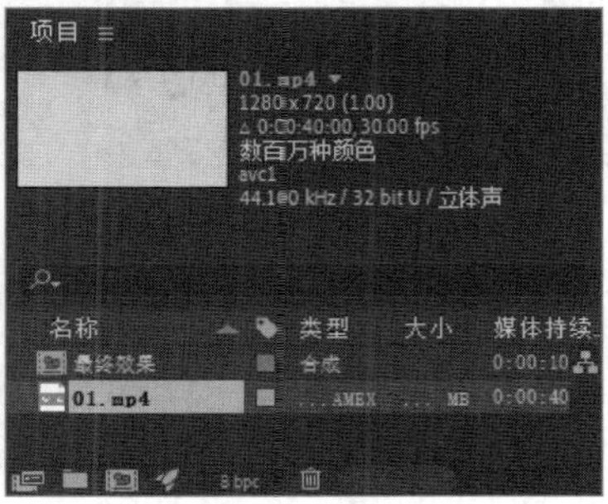　　　　　　　　　　　　　　　　图5-5

02　将时间标签放置在0:00:09:24的位置，在"项目"面板中选中"01.mp4"文件，将其拖曳到"时间轴"面板中。"合成"面板中的效果如图5-6所示。选择"图层 > 变换 > 水平翻转"命令，将视频画面水平翻转，"合成"面板中的效果如图5-7所示。

图5-6　　　　　　　　　　　　　　　　图5-7

03　选择直排文字工具 **IT**，输入文字。选中输入的文字，在"字符"面板中，设置"填充颜色"为灰色（其R、G、B值均为59），其他设置如图5-8所示。按P键，展开"位置"属性，设置'位置'为767.9,164.1。"合成"面板中的效果如图5-9所示。

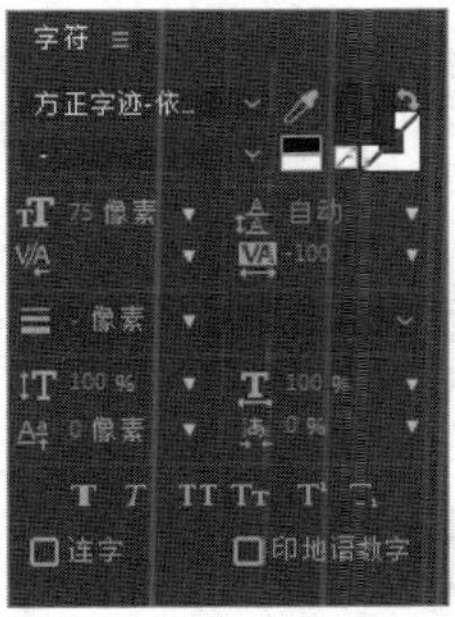

图5-8 　　　　　　　　　　　　　　　　图5-9

04　将时间标签放置在0:00:00:06的位置，按T键，展开"不透明度"属性，设置"不透明度"为0%，单击"不透明度"左侧的"关键帧自动记录器"按钮 ◙，如图5-10所示，记录第1个关键帧。将时间标签放置在0:00:00:21的位置，设置'不透明度'为100%，如图5-11所示，记录第2个关键帧。

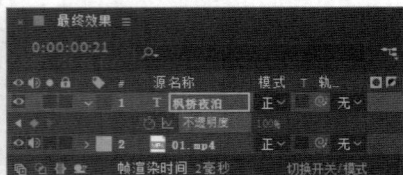

图5-10　　　　　　　　　　　　　图5-11

05 选择直排文字工具 **T** ，输入文字。选中输入的文字，在"字符"面板中设置文字的属性，如图5-12所示。按P键，展开"位置"属性，设置"位置"为676.4,166.8。"合成"面板中的效果如图5-13所示。

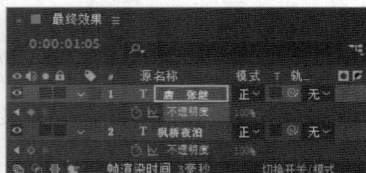

图5-12　　　　　　　　　　　　　图5-13

06 将时间标签放置在0:00:00:15的位置，按T键，展开"不透明度"属性，设置"不透明度"为0%，单击"不透明度"左侧的"关键帧自动记录器"按钮 ，如图5-14所示，记录第1个关键帧。将时间标签放置在0:00:01:05的位置，设置"不透明度"为100%，如图5-15所示，记录第2个关键帧。

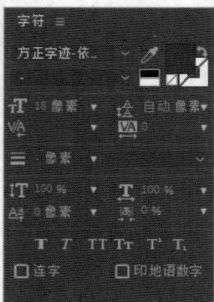

图5-14　　　　　　　　　　　　　图5-15

07 选择直排文字工具 **T** ，输入文字。选中输入的文字，在"字符"面板中设置文字的属性，如图5-16所示。"合成"面板中的效果如图5-17所示。

图5-16　　　　　　　　　　　　　图5-17

08 按S键，展开"缩放"属性，设置"缩放"为213.6,216.1%；按住Shift键，按P键，展开"位置"属性，设置"位置"为594.3,173.7，如图5-18所示。"合成"面板中的效果如图5-19所示。

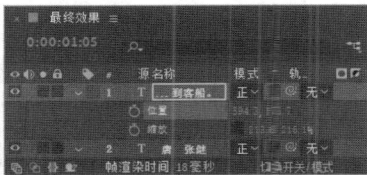

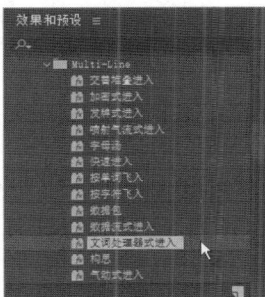

图5-18　　　　　　　　　　　　　　　　图5-19

09 将时间标签放置在0:00:01:04的位置，选择"窗口 > 效果和预设"命令，打开"效果和预设"面板，单击"动画预设"文件夹左侧的小箭头按钮▶将其展开，双击"Text > Multi-Line > 文词处理器式进入"，如图5-20所示，应用效果。"合成"面板中的效果如图5-21所示。

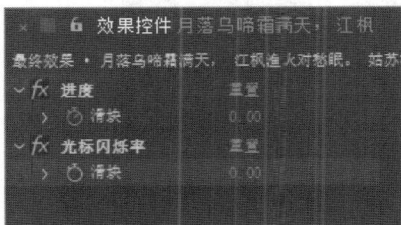

图5-20　　　　　　　　　　　　　　　图5-21

10 在"效果控件"面板中，设置"光标闪烁率"选项组下的"滑块"为0.00，如图5-22所示。"合成"面板中的效果如图5-23所示。

图5-22　　　　　　　　　　　　　　　图5-23

11 选中"……到客船。"图层，按U键展开所有关键帧，如图5-24所示。将时间标签放置在0:00:07:11的位置，按住Shift键，将第2个关键帧拖曳到时间标签所在的位置，并设置"滑块"为55.00，如图5-25所示。打字效果制作完成。

图5-24

图5-25

任务知识

5.1.1 文字工具

　　"工具"面板提供了创建文字的工具，包括横排文字工具▇和直排文字工具▇，用户可以根据需要创建水平文字和垂直文字，如图5-26所示。在"字符"面板中可以设置文字的字体类型、字号、颜色、字间距、行间距和比例关系等，在"段落"面板中可进行文本左对齐、中心对齐和右对齐等段落设置，如图5-27所示。

图5-26

图5-27

5.1.2 文本图层

　　在菜单栏中选择"图层 > 新建 > 文本"命令，如图5-28所示；建立一个文本图层，输入需要的文字，如图5-29所示。

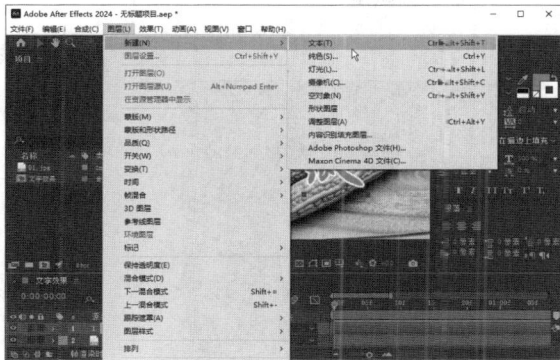

图5-28

图5-29

任务5.2　掌握文字效果

After Effects 2024保留了旧版本中的一些文字效果，如基本文字和路径文字，这些效果主要用于创建使用文字工具不能实现的效果。

任务实践　制作工匠精神片头

任务目标　掌握文字效果。

任务要点　使用Ctrl+N快捷键新建合成，使用"导入"命令导入素材文件，使用"基本文字"命令、"路径文字"命令和"效果控件"面板制作文字效果。最终效果参考学习资源中的"项目5\制作工匠精神片头\制作工匠精神片头.aep"，如图5-30所示。

图5-30

任务操作

01 按Ctrl+N快捷键，弹出"合成设置"对话框，在"合成名称"文本框中输入"最终效果"，其他选项的设置如图5-31所示，单击"确定"按钮，创建一个新的合成。

02 选择"文件 > 导入 > 文件"命令，在弹出的"导入文件"对话框中，选择学习资源中的"项目5\制作工匠精神片头\（Footage）\01.mp4和02.png"文件，单击"导入"按钮，将文件导入"项目"面板，如图5-32所示。

03 在"项目"面板中选中"01.mp4"文件，将其拖曳到"时间轴"面板中。"合成"面板中的效果如图5-33所示。选中"01.mp4"图层，选择"图层 > 变换 > 水平翻转"命令，将视频画面水平翻转。"合成"面板中的效果如图5-34所示。

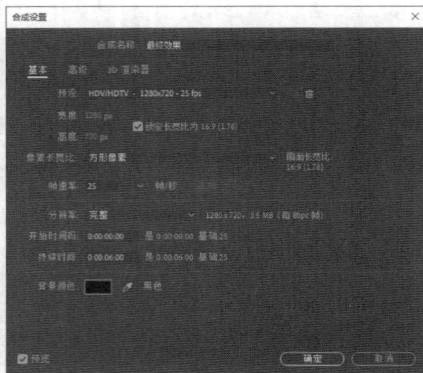

图5-31　　　　　　　　　　　　　　　图5-32

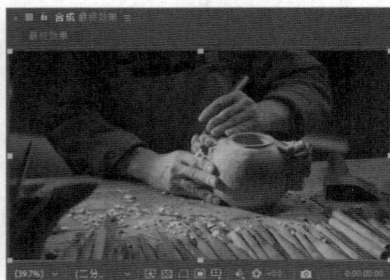

图5-33　　　　　　　　　　　　　　　图5-34

04 选择"图层 > 新建 > 调整图层"命令，在"时间轴"面板中新增一个调整图层，如图5-35所示。保持"调整图层 1"的选中状态，选择"效果 > 过时 > 基本文字"命令，在弹出的"基本文字"对话框中输入文字并进行设置，如图5-36所示，单击"确定"按钮，完成基本文字的添加。

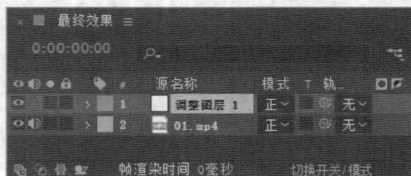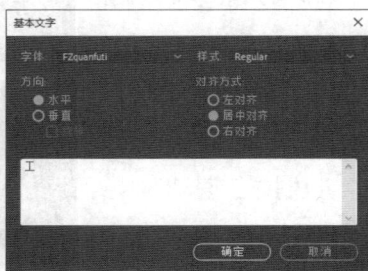

图5-35　　　　　　　　　　　　　　　图5-36

05 在"效果控件"面板中进行设置，如图5-37所示。"合成"面板中的效果如图5-38所示。

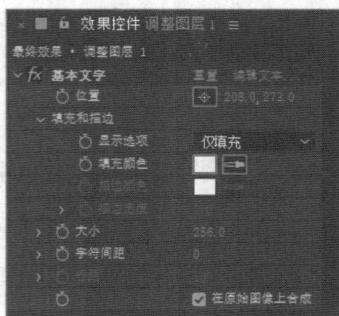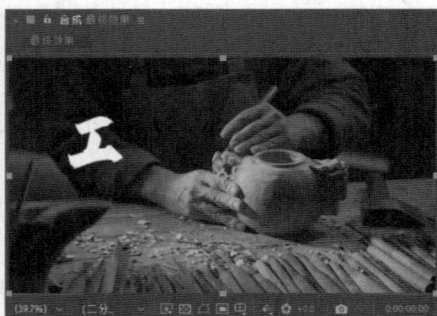

图5-37　　　　　　　　　　　　　　　图5-38

06 用相同的方法添加其他文字，并设置相应的属性，如图5-39所示。"合成"面板中的效果如图5-40所示。

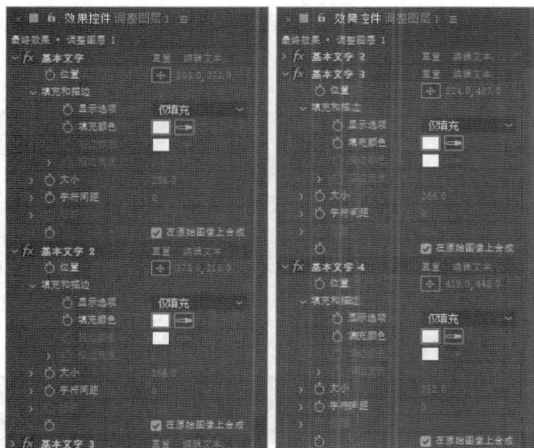 

图5-39　　　　　　　　　　　　　　　　图5-40

07 将时间标签放置在0:00:03:12的位置，按T键，展开"不透明度"属性，设置"不透明度"为0%，单击"不透明度"左侧的"关键帧自动记录器"按钮，如图5-41所示，记录第1个关键帧。

08 将时间标签放置在0:00:04:12的位置，设置"不透明度"为100%，如图5-42所示，记录第2个关键帧。

图5-41　　　　　　　　　　　　　　　　图5-42

09 选择"图层 > 新建 > 调整图层"命令，在"时间轴"面板中新增一个调整图层，如图5-43所示。保持"调整图层 2"的选中状态，选择"效果 > 过时 > 路径文字"命令，在弹出的"路径文字"对话框中输入文字并进行设置，如图5-44所示，单击"确定"按钮，完成路径文字的添加。

图5-43　　　　　　　　　　　　　　　　图5-44

10 在"效果控件"面板中进行设置，如图5-45所示。在"合成"面板中分别调整4个控制点到适当的位置，如图5-46所示。

11 将时间标签放置在0:00:03:12的位置，按T键，展开"不透明度"属性，设置"不透明度"为0%，单击"不透明度"左侧的"关键帧自动记录器"按钮，如图5-47所示，记录第1个关键帧。

12 将时间标签放置在0:00:04:12的位置，设置"不透明度"为100%，如图5-48所示，记录第2个关键帧。

图5-45　　　　图5-46

图5-47

图5-48

13 将时间标签放置在0:00:04:01的位置，在"项目"面板中选中"02.png"文件，将其拖曳到"时间轴"面板中，按 [键，设置动画的入点。按S键，展开"缩放"属性，设置"缩放"为120.0,120.0%；按住Shift键，按P键，展开"位置"属性，设置"位置"为528.3,221.4，如图5-49所示。"合成"面板中的效果如图5-50所示。工匠精神片头制作完成。

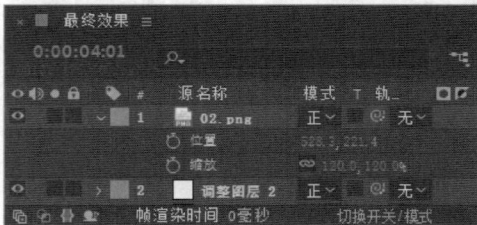

图5-49

图5-50

任务知识

5.2.1　基本文字效果

　　基本文字效果用于创建文本或文本动画，可以指定文字的字体、样式、方向以及对齐方式等，如图5-51所示。

　　该效果还可以将文字创建在一个现有的图像图层中，勾选"在原始图像上合成"复选框，可以将文字与图像融合。此外，基本文字效果的"效果控件"面板还提供了位置、填充和描边、大小、字符间距等设置，如图5-52所示。

图5-51

图5-52

5.2.2　路径文字效果

路径文字效果用于制作字符沿某条路径运动的动画效果。在"路径文字"对话框中可以对文字的字体和样式进行设置，如图5-53所示。

路径文字效果的"效果控件"面板提供了信息、路径选项、填充和描边、字符、段落、高级等设置，如图5-54所示。

图5-53

图5-54

5.2.3　编号效果

编号效果用于生成不同格式的随机数或序数，如小数、日期和时间码，甚至当前日期和时间（在渲染时）。使用编号效果可以创建各种计数器。序数的最大偏移是30000。此效果适用于8-bpc 颜色。在"编号"对话框中可以设置字体、样式、方向和对齐方式等，如图5-55所示。编号效果的"效具控件"面板提供了格式、填充和描边、大小、字符间距等设置，如图5-56所示。

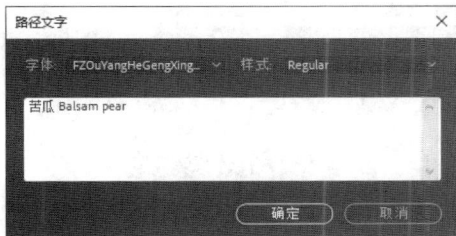

图5-55

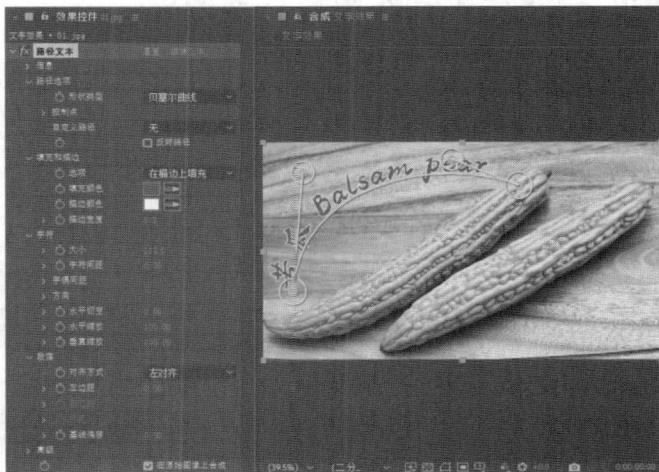

图5-56

5.2.4 时间码效果

　　时间码效果主要用于在素材图层中显示时间信息或者关键帧上的编码信息，还可以将时间码的信息译成密码并保存在图中以供显示。在时间码效果的"效果控件"面板中可以设置显示格式、时间源、文本位置、文字大小和文本颜色等，如图5-57所示。

图5-57

项目实践　制作美食文字效果

项目要点　使用横排文字工具输入文字，使用"导入"命令导入素材，使用"不透明度"属性和"缩放"属性制作文字动画效果，使用椭圆工具绘制装饰图形。最终效果参考学习资源中的"项目5\制作美食文字效果\制作美食文字效果.aep"，如图5-58所示。

图5-58

课后习题　制作模糊文字效果

习题要点　使用"导入"命令导入素材，使用横排文字工具输入文字，使用椭圆工具绘制装饰图形，使用"高斯模糊"命令制作模糊效果。最终效果参考学习资源中的"项目5\制作模糊文字效果\制作模糊文字效果.aep"，如图5-59所示。

图5-59

项目 6

应用效果

本项目主要介绍After Effects 2024中的各种效果的"效果控件"面板及其应用方式和参数设置，并对具有实用价值且存在一定难度的效果进行重点讲解。通过对本项目的学习，读者可以快速了解并掌握After Effects 2024效果制作的精髓部分。

学习目标

- ●熟悉效果的应用
- ●掌握颜色校正效果
- ●掌握扭曲效果
- ●熟悉模拟效果
- ●掌握模糊和锐化效果
- ●掌握生成效果
- ●熟悉杂色和颗粒效果

技能目标

- ●掌握"京剧片头效果"的制作方法
- ●掌握"闪白切换效果"的制作方法
- ●掌握"调整视频色调"的方法
- ●掌握"动感模糊文字"的制作方法
- ●掌握"光芒放射效果"的制作方法
- ●掌握"为画面添加磨砂效果"的方法
- ●掌握"气泡效果"的制作方法

素养目标

- ●培养对视觉效果的敏感性，并在应用效果时注重提升视觉设计的美感
- ●培养创造个性化、独特的效果的能力

任务6.1 熟悉效果的应用

After Effects 2024自带了许多效果，包括模糊和锐化、颜色校正、生成、扭曲、杂色和颗粒、模拟等。使用效果不仅可以对视频内容进行丰富的艺术加工，还可以提高视频画面的质量。

任务实践 制作京剧片头效果

任务目标 学习使用"效果和预设"面板添加效果。

任务要点 使用Ctrl+N快捷键创建合成，使用"导入"命令导入素材文件，使用"淡入淡出-帧"预设制作视频淡入效果，使用"回旋入"预设制作文字动画效果。最终效果参考学习资源中的"项目6\制作京剧片头效果\制作京剧片头效果.aep"，如图6-1所示。

图6-1

任务操作

01 按Ctrl+N快捷键，弹出"合成设置"对话框，在"合成名称"文本框中输入"最终效果"，其他选项的设置如图6-2所示，单击"确定"按钮，创建一个新的合成。选择"文件 > 导入 >文件"命令，在弹出的"导入文件"对话框中，选择学习资源中的"项目6\制作京剧片头效果\（Footage）\01.mp4"文件，单击"导入"按钮，将选中的文件导入"项目"面板，如图6-3所示。

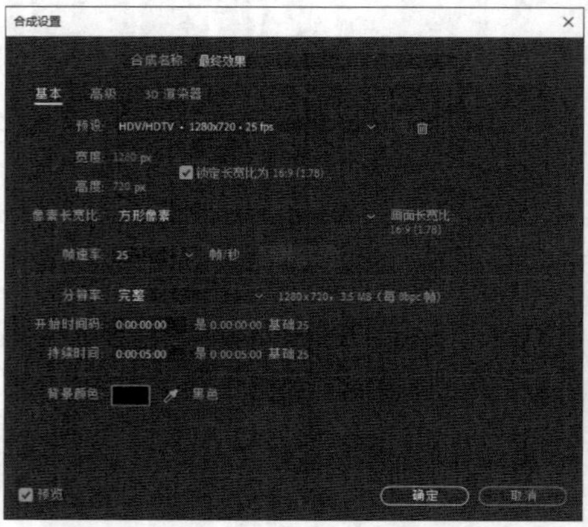

图6-2

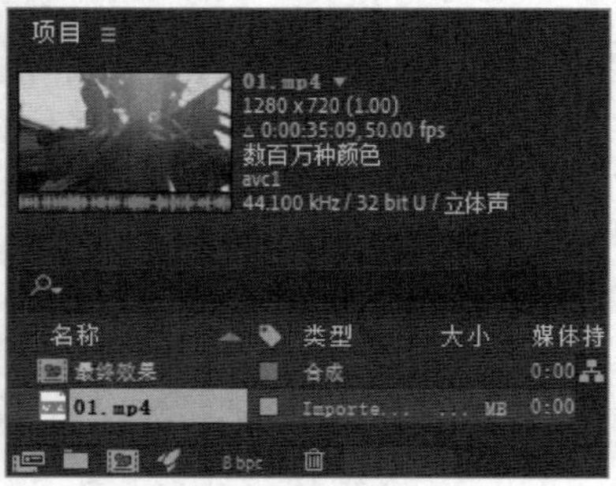

图6-3

02 保持"01.mp4"文件的选中状态，将其拖曳到"时间轴"面板中，选择"图层 > 时间 > 时间伸缩"命令，弹出"时间延长"对话框，设置"拉伸因数"为48%，如图6-4所示，单击"确定"按钮，完成时间伸缩设置，如图6-5所示。

图6-4

图6-5

03 在"时间轴"面板中，设置"出"为0:00:12:20，如图6-6所示。按Alt+ [快捷键，设置动画的入点，如图6-7所示。

图6-6

图6-7

04 选择"窗口 > 效果和预设"命令，打开"效果和预设"面板，单击"动画预设"文件夹左侧的小箭头按钮 ⯈ 将其展开，双击"Behaviors > 淡入淡出-帧"，如图6-8所示，应用效果。"合成"面板中的效果如图6-9所示。

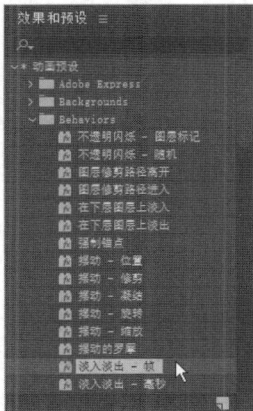

图6-8

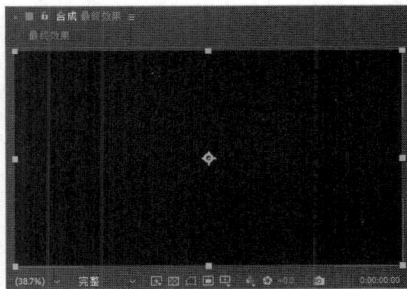

图6-9

05 将时间标签放置在0:00:01:00的位置，选择横排文字工具 T，输入文字。选中文字"粉墨登场"，在"字符"面板中设置文字的属性，如图6-10所示。按P键，展开"位置"属性，设置"位置"为184.5,426.7。"合成"面板中的效果如图6-11所示。

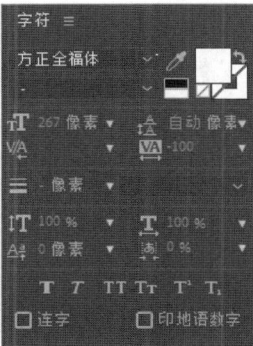

图6-10

图6-11

06 选择"效果 > 透视 > 投影"命令，在"效果控件"面板中进行图6-12所示的设置。"合成"面板中的效果如图6-13所示。

图6-12

图6-13

07 保持"粉墨登场"图层的选中状态，在"效果和预设"面板中，双击"Text > Curves and Spins > 回旋入"，如图6-14所示，应用效果。"合成"面板中的效果如图6-15所示。京剧片头效果制作完成。

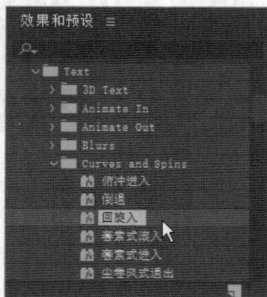

图6-14

图6-15

任务知识

6.1.1 为图层添加效果

为图层添加效果其实很简单，方法也有很多种，可以根据情况灵活应用。

方法一： 在"时间轴"面板中，选中想要添加效果的图层，选择"效果"菜单中的各项命令即可。

方法二： 在"时间轴"面板中，在想要添加效果的图层上单击鼠标右键，在弹出的快捷菜单中选择"效果"子菜单中的各项命令即可。

方法三： 选择"窗口 > 效果和预设"命令，或按Ctrl+5快捷键，打开"效果和预设"面板，如图6-16所示，从分类中选中需要的效果，将其拖曳到"时间轴"面板中要添加效果的图层上即可。

方法四： 在"时间轴"面板中，选中想要添加效果的图层，选择"窗口 > 效果和预设"命令，打开"效果和预设"面板，双击分类中需要的效果即可。

单个效果常常不能完全满足创作需要。在同一图层中应用多个效果时，一定要注意上下顺序，因为顺序不同，可能会得到不同的画面效果，如图6-17和图6-18所示。

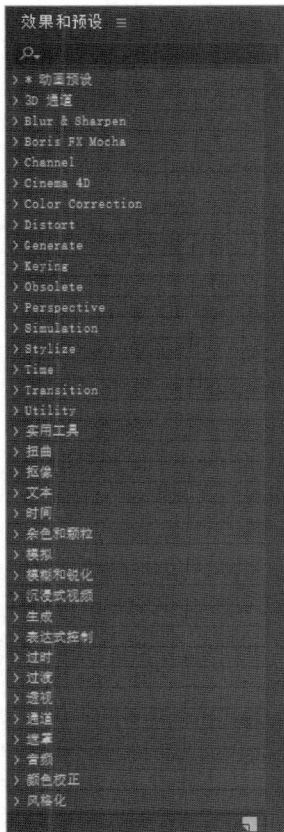

图6-17

图6-16

图6-18

在"效果控件"面板或"时间轴"面板中上下拖曳效果，可改变效果的位置，如图6-19和图6-20所示。

图6-19

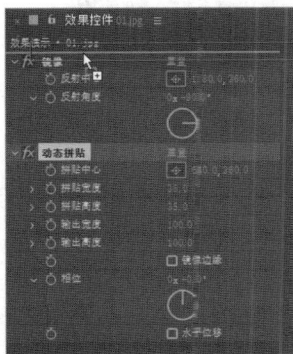

图6-20

6.1.2 调整、删除、复制和关闭效果

1. 调整效果

在为图层添加效果时，一般会自动打开"效果控件"面板。如果没有打开该面板，可以选择"窗口 > 效果控件"命令，将"效果控件"面板打开。

After Effects 2024中有多种效果，对效果进行调整的方法有5种形式。

（1）中心点定义：一般用来设置效果的中心位置。调整的方法有两种：一种是直接调整 ✛ 后面的参数值；另一种是单击 ✛ 按钮，然后在"合成"面板的合适位置单击，效果如图6-21所示。

图6-21

（2）调整数值：将鼠标指针放置在某个参数值上，当鼠标指针变为 ✋ 形状时，左右拖曳鼠标可以调整数值，如图6-22所示；也可以直接在参数值上单击，然后输入需要的数值。

（3）调整滑块：通过左右拖曳滑块调整数值。不过需要注意的是，滑块并不能显示参数的极限值。如复合模糊效果，虽然在调整滑块时看到的调整范围是0～100，如图6-23所示，但如果用直接输入数值的方法调整，则可以输入的最大值为4000。

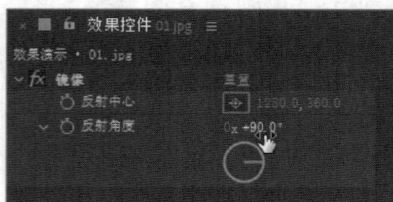

图6-22　　　　　　　　　　　　　　图6-23

（4）颜色选取框：主要用于选取或改变颜色，单击将会弹出图6-24所示的色彩选择对话框。

（5）角度旋转器：一般与角度和圈数设置有关，如图6-25所示。

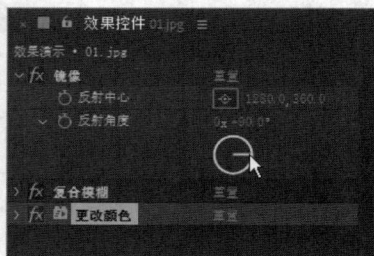

图6-24　　　　　　　　　　　　　　图6-25

2. 删除效果

删除效果的方法很简单，在"效果控件"面板或"时间轴"面板中选择某个效果的名称，按Delete键即可。

> **提示** 在"时间轴"面板中快速展开效果的方法是选中含有效果的图层，按E键。

3. 复制效果

如果要在本图层中复制效果，在"效果控件"面板或"时间轴"面板中选中效果，按Ctrl+D快捷键即可实现。

如果要将效果复制到其他图层，具体操作步骤如下。

（1）在"效果控件"面板或"时间轴"面板中选中原图层的一个或多个效果。

（2）选择"编辑 > 复制"命令，或者按Ctrl+C快捷键，完成效果复制操作。

（3）在"时间轴"面板中，选中目标图层，然后选择"编辑 > 粘贴"命令，或者按Ctrl+V快捷键，完成效果粘贴操作。

4. 暂时关闭效果

"效果控件"面板和"时间轴"面板中有一个非常方便的 *fx* 按钮，单击它可以暂时关闭某个或某几个效果，使其不起作用，如图6-26和图6-27所示。

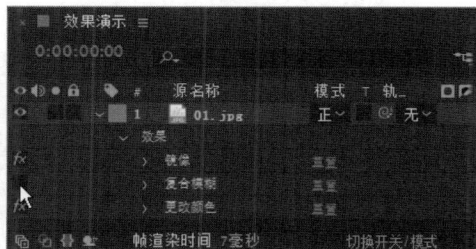

图6-26   图6-27

6.1.3 制作关键帧动画

1. 在"时间轴"面板中制作关键帧动画

（1）在"时间轴"面板中选择某图层，选择"效果 > 模糊和锐化 > 高斯模糊"命令，添加高斯模糊效果。

（2）按E键，展开效果属性，单击"高斯模糊"效果名称左侧的小箭头按钮 ，展开具体参数。

（3）单击"模糊度"左侧的"关键帧自动记录器"按钮 ，记录第1个关键帧，如图6-28所示。

（4）将当前时间标签移动到另一个位置，调整"模糊度"的数值，将自动生成第2个关键帧，如图6-29所示。

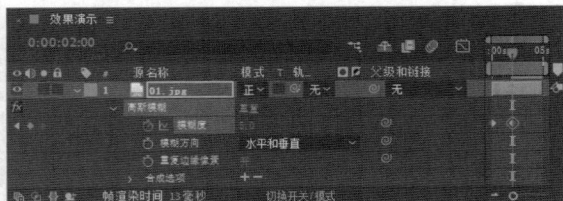

图6-28　　　　　　　　　　　　图6-29

（5）按0键，预览动画。

2. 在"效果控件"面板中制作关键帧动画

（1）在"时间轴"面板中选择某图层，选择"效果 > 模糊和锐化 > 高斯模糊"命令，添加高斯模糊效果。

（2）在"效果控件"面板中，单击"模糊度"左侧的"关键帧自动记录器"按钮，如图6-30所示，或者按住Alt键，单击"模糊度"效果名称，生成第1个关键帧。

（3）将当前时间标签移动到另一个位置，在"效果控件"面板中，调整"模糊度"的数值，将自动生成第2个关键帧。

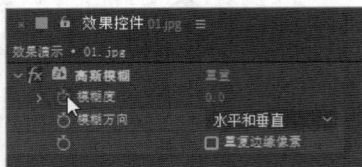

图6-30

6.1.4 使用预设效果

在赋予预设效果前，必须确定时间标签所处的位置，因为赋予的预设效果如果含有动画信息，将会以当前时间标签所处位置为动画的起始点，如图6-31和图6-32所示。

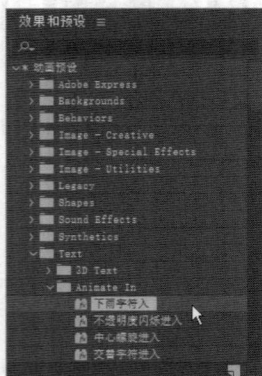

图6-31

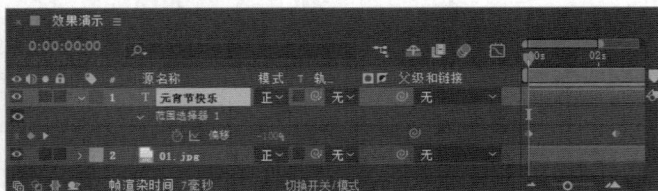

图6-32

任务6.2　掌握模糊和锐化效果

模糊效果是常用的效果之一，能够改变画面的视觉效果。动态的画面需要"虚实结合"，这样能给人空间感和对比感，更能让人产生联想。另外，使用模糊效果可以提升画面的质量，有时很粗糙的画面经过模糊处理会产生良好的效果。

任务实践 制作闪白切换效果

任务目标 学习使用多种模糊效果。

任务要点 使用"导入"命令导入素材，使用"快速方框模糊"命令、"色阶"命令制作图像闪白效果，使用"淡化上升字符"预设制作文字动画特效。最终效果参考学习资源中的"项目6\制作闪白切换效果\制作闪白切换效果.aep"，如图6-33所示。

图6-33

任务操作

1. 导入素材并制作闪白效果

01 按Ctrl+N快捷键，弹出"合成设置"对话框，在"合成名称"文本框中输入"最终效果"，其他选项的设置如图6-34所示，单击"确定"按钮，创建一个新的合成。

02 选择"文件 > 导入 > 文件"命令，在弹出的"导入文件"对话框中，选择学习资源中的"项目6\制作闪白切换效果\（Footage）\01.mp4和02.jpg"文件，单击"导入"按钮，将选中的文件导入"项目"面板，如图6-35所示。

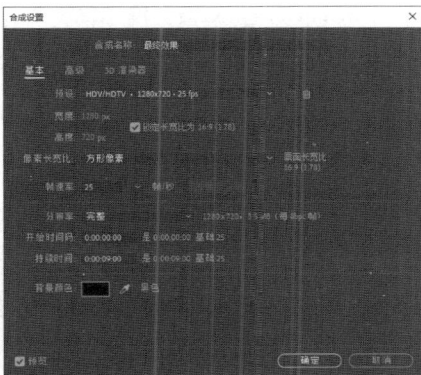

图6-34

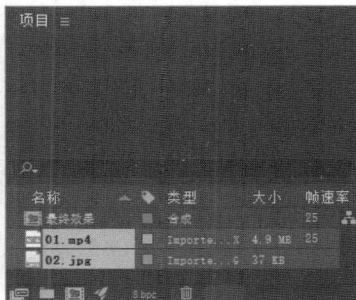

图6-35

03 在"项目"面板中，选中"01.mp4"文件，将其拖曳到"时间轴"面板中。保持"01.mp4"图层的选中状态，选择"图层 > 时间 > 时间伸缩"命令，弹出"时间延长"对话框，设置"拉伸因数"为105%，单击"确定"按钮，完成时间伸缩设置，如图6-36所示。

图6-36

101

04 选择"图层 > 新建 > 调整图层"命令，在"时间轴"面板中新增"调整图层1"。选中"调整图层1"，选择"效果 > 模糊和锐化 > 快速方框模糊"命令，在"效果控件"面板中进行参数设置，如图6-37所示。"合成"面板中的效果如图6-38所示。

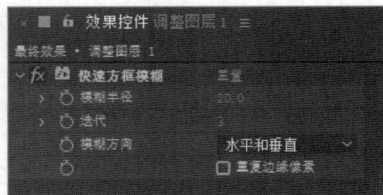

图6-37

05 选择"效果 > 颜色校正 > 色阶"命令，在"效果控件"面板中进行参数设置，如图6-39所示。"合成"面板中的效果如图6-40所示。

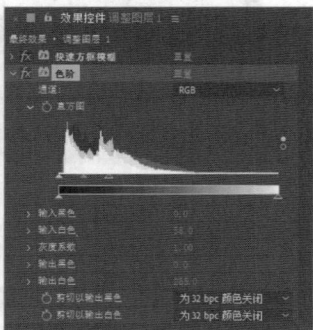

图6-38　　　　　　　　　　　　　图6-39　　　　　　　　　　　　　图6-40

06 保持时间标签在0:00:00:00的位置，在"效果控件"面板中，单击快速方框模糊效果中的"模糊半径"和色阶效果中的"直方图"左侧的"关键帧自动记录器"按钮⧖，记录第1个关键帧，如图6-41所示。

07 将时间标签放置在0:00:01:00的位置，在"效果控件"面板中，设置"模糊半径"为0.0、"输入白色"为255.0，如图6-42所示，记录第2个关键帧。"合成"面板中的效果如图6-43所示。

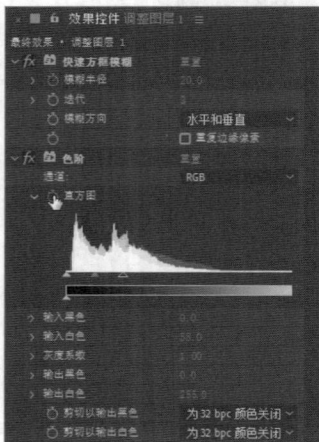

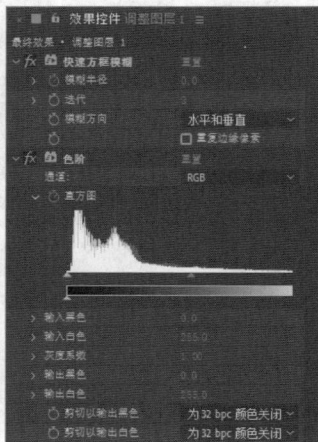

图6-41　　　　　　　　　　　　　图6-42　　　　　　　　　　　　　图6-43

2. 编辑文字

01 将时间标签放置在0:00:04:00的位置，选择横排文字工具🅣，输入文字"开封鼓楼夜市"。选中文字，在"字符"面板中，设置"填充颜色"为白色，其他设置如图6-44所示。按P键，展开"位置"属性，设置"位置"为1030.0,77.0。"合成"面板中的效果如图6-45所示。

02 选中文本图层，把该图层拖曳到"调整图层1"下面。选择"窗口 > 效果和预设"命令，打开"效果和预设"面板，展开"动画预设"文件夹，双击"Text > Animate In > 淡化上升字符"，应用效果。"合成"面板中的效果如图6-46所示。

图6-44   图6-45   图6-46

03 将时间标签放置在0:00:05:00的位置，选中文本图层，按U键展开所有关键帧，按住Shift键，把第2个关键帧拖曳到时间标签所在的位置，如图6-47所示。

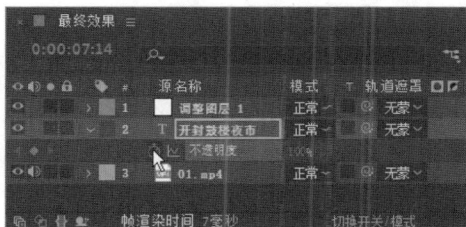

图6-47

04 将时间标签放置在0:00:07:14的位置，按T键，展开"不透明度"属性，单击"不透明度"左侧的"关键帧自动记录器"按钮，如图6-48所示，记录第1个关键帧。将时间标签放置在0:00:08:03的位置，设置"不透明度"为0%，如图6-49所示，记录第2个关键帧。

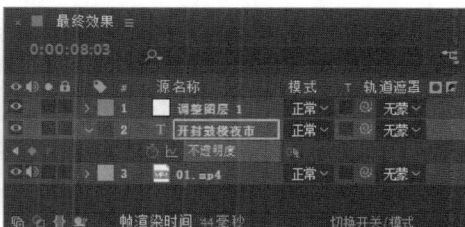

图6-48   图6-49

05 在"项目"面板中，选中"02.jpg"文件，将其拖曳到"时间轴"面板中，设置图层的混合模式为"屏幕"，图层的排列顺序如图6-50所示。将时间标签放置在0:00:05:08的位置，选中"02.jpg"图层，按Alt+ [快捷键，设置动画的入点，"时间轴"面板如图6-51所示。

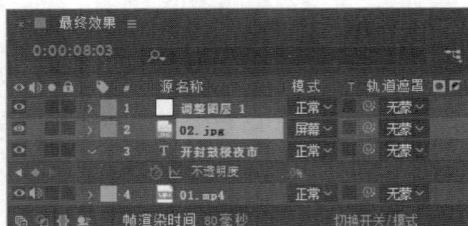
图6-50

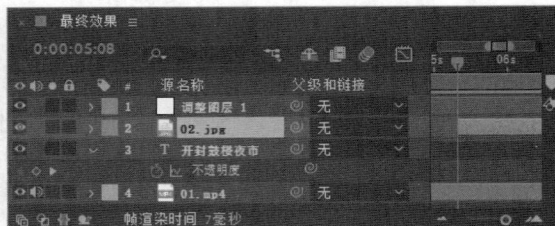
图6-51

06 将时间标签放置在0:00:08:08的位置，选中"02.jpg"图层，按Alt+] 快捷键，设置动画的出点，"时间轴"面板如图6-52所示。将时间标签放置在0:00:05:08的位置，按P键，展开"位置"属性，设置"位置"为1020.0,98.0，如图6-53所示。

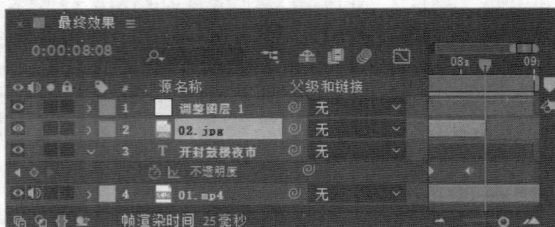
图6-52

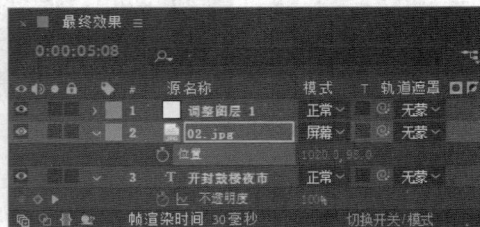
图6-53

07 单击"位置"左侧的"关键帧自动记录器"按钮，如图6-54所示，记录第1个关键帧。将时间标签放置在0:00:06:09的位置，设置"位置"为1248.0,98.0，记录第2个关键帧，如图6-55所示。

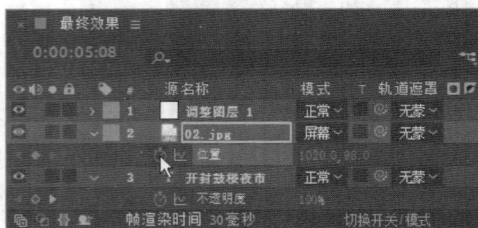
图6-54

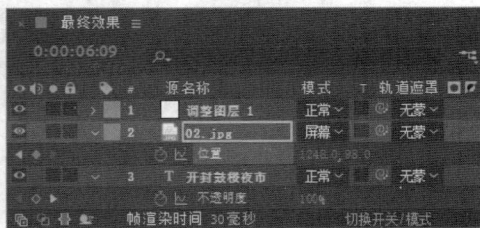
图6-55

闪白切换效果制作完成，"合成"面板中的效果如图6-56所示。

图6-56

任务知识

6.2.1　高斯模糊

　　高斯模糊效果用于模糊和柔化图像，可以去除杂点，其参数如图6-57所示。高斯模糊能产生细腻的模糊效果，尤其是单独使用的时候。

　　模糊度：调整图像的模糊程度。

　　模糊方向：设置模糊的方式，有水平和垂直、水平、垂直3种。

图6-57

　　高斯模糊效果演示如图6-58、图6-59和图6-60所示。

图6-58　　　　　　　　　　图6-59　　　　　　　　　　图6-60

6.2.2　定向模糊

　　定向模糊效果具有动感，可以产生向某个方向运动的视觉效果，其参数如图6-61所示。当图层为草稿质量时，应用图像边缘的平均值；当图层为最高质量时，应用高斯模糊，产生平滑、渐变的模糊效果。

　　方向：设置模糊的方向。

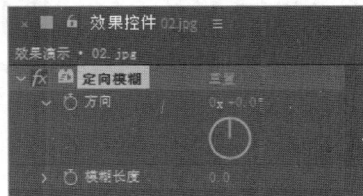

图6-61

　　模糊长度：调整图像的模糊程度　数值越大，模糊程度也就越高。

　　定向模糊效果演示如图6-62、图3-63和图6-64所示。

图6-62　　　　　　　　　　图6-63　　　　　　　　　　图6-64

6.2.3　径向模糊

　　径向模糊效果可以在图层中围绕特定点为图像增加移动或旋转模糊的效果，其参数如图6-65所示。

数量： 控制图像的模糊程度。模糊程度的大小取决于模糊量，在"旋转"类型下，模糊量表示旋转模糊程度；而在"缩放"类型下，模糊量表示缩放模糊程度。

中心： 调整模糊中心点的位置。可以通过单击 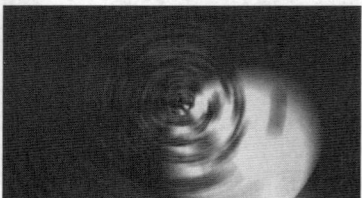 按钮在视频画面中指定中心点的位置。

类型： 设置模糊的类型，有旋转和缩放两种。

消除锯齿（最佳品质）： 该功能只在图像的最高品质下起作用。

径向模糊效果演示如图6-66、图6-67和图6-68所示。

图6-65

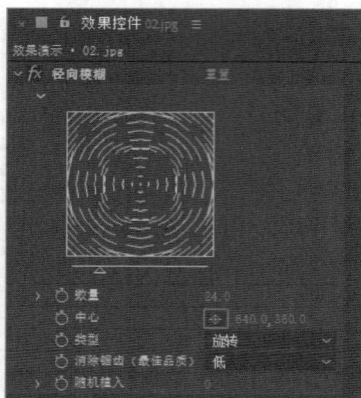

图6-66

图6-67

图6-68

6.2.4 快速方框模糊

快速方框模糊效果用于设置图像的模糊程度，它和高斯模糊效果十分类似，但它在大面积应用时实现速度更快、效果更明显，其参数如图6-69所示。

模糊半径： 设置模糊的程度。

迭代： 设置模糊效果连续应用到图像的次数。

模糊方向： 设置模糊方向，有水平和垂直、水平、垂直3种。

重复边缘像素： 勾选此复选框，可让边缘保持清晰度。

快速方框模糊效果演示如图6-70、图6-71和图6-72所示。

图6-69

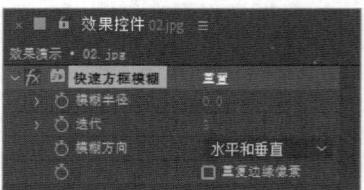

图6-70

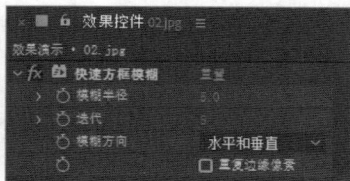

图6-71

图6-72

6.2.5　锐化

"锐化"效果用于锐化图像，在图像颜色发生变化的地方提高图像的对比度，其参数如图6-73所示。

锐化量：设置锐化的程度。

锐化效果演示如图6-74、图6-75和图6-76所示。

图6-73

图6-74

图6-75

图6-76

任务6.3　掌握颜色校正效果

在视频制作过程中，画面颜色的处理是一项很重要的内容，有时会直接影响效果的好坏。颜色校正效果可以对色彩不好的画面进行颜色修正，也可以对色彩正常的画面进行颜色调节，使其更加精彩。

任务实践　调整视频的色调

任务目标　学习调整视频的色调。

任务要点　使用Ctrl+N快捷键创建合成，使用"导入"命令导入素材文件，使用"查找边缘"命令、"色相/饱和度"命令、"曲线"命令和"高斯模糊"命令调整视频的色调。最终效果参考学习资源中的"项目6\调整视频的色调\调整视频的色调.aep"，如图6-77所示。

图6-77

任务操作

01　按Ctrl+N快捷键，弹出"合成设置"对话框，在"合成名称"文本框中输入"最终效果"，其他选项的设置如图6-78所示，单击"确定"按钮，创建一个新的合成。

02　选择"文件 > 导入 > 文件"命令，在弹出的"导入文件"对话框中，选择学习资源中的"项目6\调整视频的色调\（Footage）\01.mp4"文件，单击"导入"按钮，将选中的文件导入"项目"面板，如图6-79所示。

03 在"项目"面板中，选中"01.mp4"文件，将其拖曳到"时间轴"面板中，如图6-80所示。按Ctrl+D快捷键复制图层，单击复制图层左侧的眼睛按钮 ，隐藏该图层，如图6-81所示。

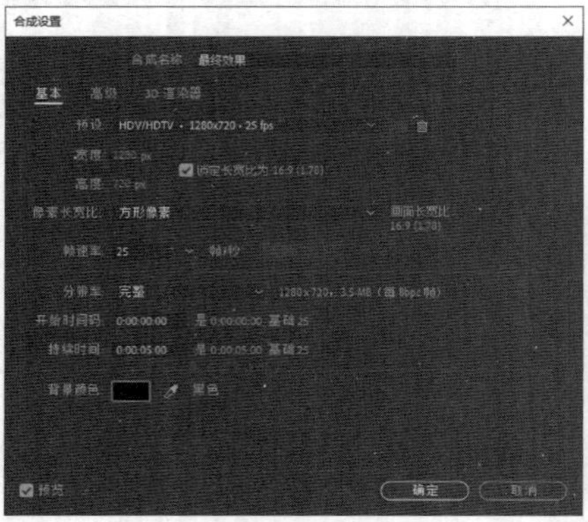

图6-78

图6-79

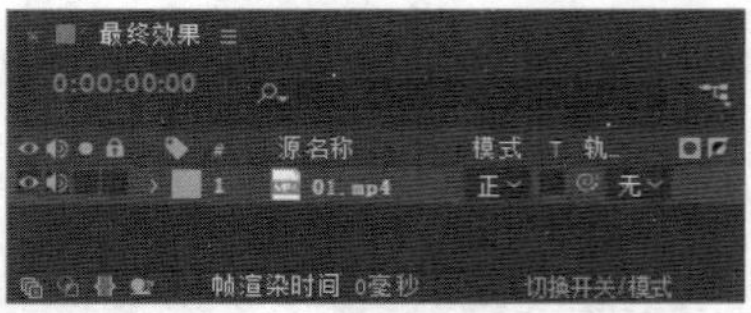

图6-80

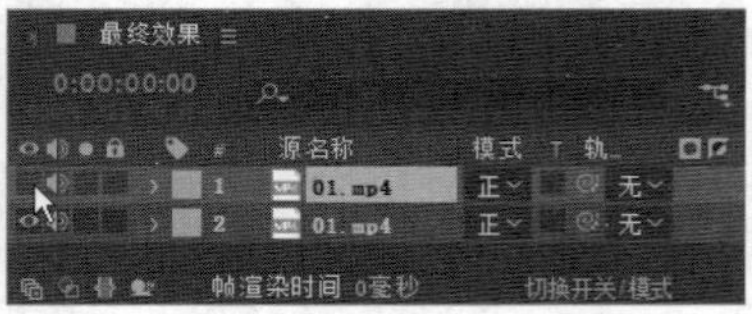

图6-81

04 选中未隐藏的那个图层，选择"效果 > 风格化 > 查找边缘"命令，在"效果控件"面板中进行参数设置，如图6-82所示。"合成"面板中的效果如图6-83所示。

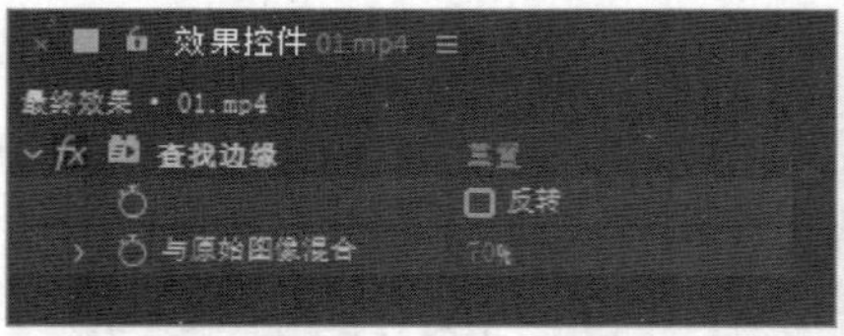

图6-82

图6-83

05 选择"效果 > 颜色校正 > 色相/饱和度"命令，在"效果控件"面板中进行参数设置，如图6-84所示。"合成"面板中的效果如图6-85所示。

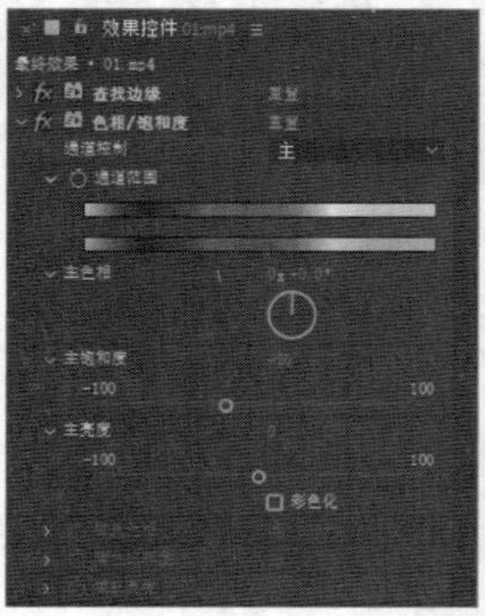

图6-84

图6-85

06 选择"效果 > 颜色校正 > 曲线"命令，在"效果控件"面板中调整曲线，如图6-86所示。"合成"面板中的效果如图6-87所示。

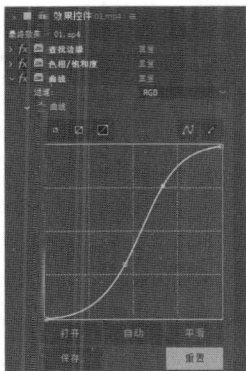

图6-86　　　　　　　　　　图6-87

07 选择"效果 > 模糊和锐化 > 高斯模糊"命令，在"效果控件"面板中进行参数设置，如图6-88所示。"合成"面板中的效果如图6-89所示。

图6-88　　　　　　　　　　图6-89

08 在"时间轴"面板中，单击第1个图层最左侧的方框，显示该图层。按T键，展开"不透明度"属性，设置"不透明度"为70%、图层的混合模式为"相乘"，如图6-90所示。"合成"面板中的效果如图6-91所示。

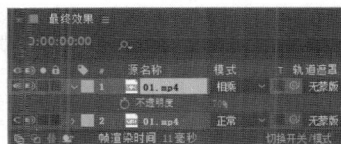

图6-90　　　　　　　　　　图6-91

09 选择横排文字工具 **T**，输入文字"田园风光"。选中文字，在"字符"面板中，设置"填充颜色"为白色，其他设置如图6-92所示。按P键，展开"位置"属性，设置"位置"为1063.0,671.0。"合成"面板中的效果如图6-93所示。视频的色调调整完毕。

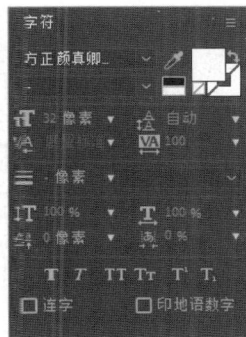

图6-92　　　　　　　　　　图6-93

任务知识

6.3.1 亮度和对比度

亮度和对比度效果用于调整画面的亮度和对比度，可以同时调整所有像素的高亮区域、暗部区域和中间调区域，操作简单且有效，但不能对单一通道进行调节，其参数如图6-94所示。

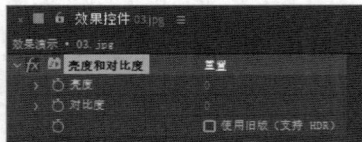

图6-94

亮度：调整亮度。值为正表示增加亮度，值为负表示降低亮度。

对比度：调整对比度。值为正表示增加对比度，值为负表示降低对比度。

亮度和对比度效果演示如图6-95、图6-96和图6-97所示。

图6-95　　　　　　　　图6-96　　　　　　　　图6-97

6.3.2 曲线

After Effects 2024中的曲线效果与Photoshop 2024中的曲线控制功能类似，可对图像的各个通道进行控制，调节图像色调范围。虽然用色阶效果也可以完成同样的工作，但曲线效果能力更强。曲线效果是After Effects 2024非常重要的一个调色工具，其参数如图6-98所示。

在"效果控件"面板中，可以调整图像的暗部区域、中间调区域和高亮区域。

通道：选择进行调控的通道，需要在"通道"下拉列表中指定图像通道。可以选择RGB、红色、绿色、蓝色和Alpha通道分别进行调控。

曲线：调整校正值，即输入（原始亮度）和输出的对比度。

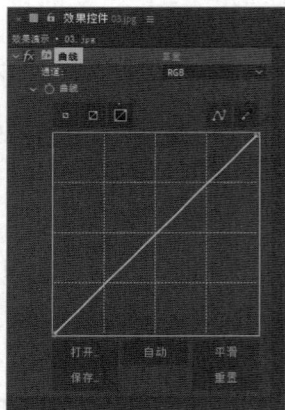

图6-98

曲线工具 :选中曲线工具并单击曲线，可以在曲线上增加控制点。如果要删除某控制点，将其拖曳至坐标区域外即可。拖曳控制点，可对曲线进行编辑。

铅笔工具 :选中铅笔工具，在坐标区域中拖曳鼠标，可以绘制一条曲线。

"打开"按钮：单击此按钮，可以打开存储的曲线调整文件。

"保存"按钮：单击此按钮，可以将调整完成的曲线存储为.amp或.acv文件，以便再次使用。

"自动"按钮：单击此按钮，可以自动调整图像的对比度。

"平滑"按钮：单击此按钮，可以平滑曲线。

"重置"按钮：单击此按钮，可以重置曲线。

6.3.3 色相/饱和度

色相/饱和度效果用于调整图像的色调、饱和度和亮度。其参数如图6-99所示。

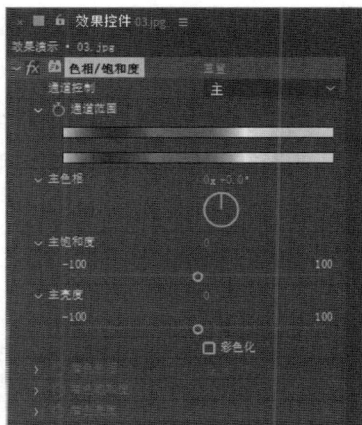

通道控制： 选择颜色通道，如果选择"主"通道，可以对所有颜色应用效果；如果分别选择"红色""黄色""绿色""青色""蓝色""洋红"通道，则对所选颜色立用效果。

通道范围： 显示颜色映射的谱线，用于控制通道范围。上面的色条表示调节前的颜色，下面的色条表示如何在全饱和状态下影响所有色相。调节单独的通道时，下面的色条会显示控制滑块。拖曳竖条可调节颜色范围，拖曳三角可调整羽化量。

图6-99

主色相： 控制所调节的颜色通道的色调，可利用颜色控制轮盘（代表色轮）改变总的色调。

主饱和度： 调整主饱和度。通过调节滑块控制所调节的颜色通道的饱和度。

主亮度： 调整主亮度。通过调节滑块控制所调节的颜色通道的亮度。

彩色化： 勾选该复选框，可以将灰阶图转换为带有色调的双色图。

着色色相： 通过颜色控制轮盘控制彩色化图像后的色调。

着色饱和度： 通过调节滑块控制彩色化图像后的饱和度。

着色亮度： 通过调节滑块控制彩色化图像后的亮度。

> **提示**　"色相/饱和度"是After Effects 2024里非常重要的一个调色命令，在更改对象色相属性时很方便。在调节颜色的过程中，可以通过色轮来预测一个颜色成分中的更改是如何影响其他颜色的，并了解这些更改如何在RGB颜色模式间转换。

色相/饱和度效果演示如图6-100、图6-101和图6-102所示。

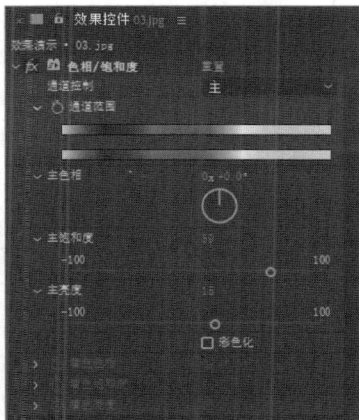
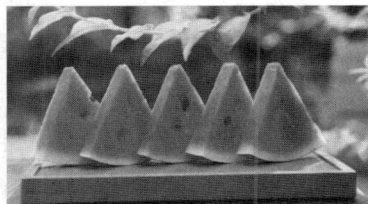

图6-100　　　　　　　　　图6-101　　　　　　　　　图6-102

6.3.4 颜色平衡

颜色平衡效果用于调整图像的色彩平衡，其参数如图6-103所示。通过对图像的红、绿、蓝通道分别进行调节，可调节颜色在暗部区域、中间调区域和高亮区域的强度。

阴影红色/绿色/蓝色平衡： 用于调整红、绿、蓝通道的阴影范围平衡。

中间调红色/绿色/蓝色平衡： 用于调整红、绿、蓝通道的中间调范围平衡。

高光红色/绿色/蓝色平衡： 用于调整红、绿、蓝通道的高光范围平衡。

图6-103

保持发光度： 勾选该复选框，可以保持图像的平均亮度，从而保持图像的整体平衡。

颜色平衡效果演示如图6-104、图6-105和图6-106所示。

图6-104　　　　　　图6-105　　　　　　图6-106

6.3.5 色阶

色阶效果用于将输入的颜色范围重新映射到输出的颜色范围，还可以调整Gamma校正曲线。色阶效果主要用于基本的影像质量调整，其参数如图6-107所示。

通道： 用于选择要进行调控的通道。可以选择RGB通道、红色通道、绿色通道、蓝色通道和Alpha通道分别进行调控。

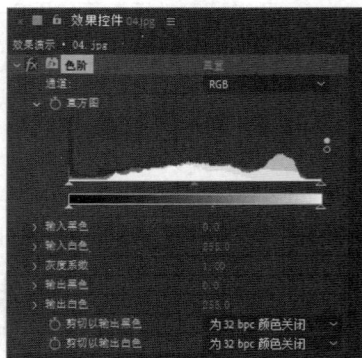
图6-107

直方图： 可以通过该图了解像素在图像中的分布情况。水平方向表示亮度值，垂直方向表示该亮度值的像素值。像素值不能比"输入黑色"值低，也不能比"输入白色"值高。

输入黑色： 用于限定输入图像黑色值的阈值。

输入白色： 用于限定输入图像白色值的阈值。

灰度系数： 用于设置确定输出图像亮度值分布的功率曲线的指数。

输出黑色： 用于限定输出图像黑色值的阈值，输出黑色在直方图下方的灰阶色条中。

输出白色：用于限定输出图像白色值的阈值，输出白色在直方图下方的灰阶色条中。

剪切以输出黑色/剪切以输出白色：用于确定亮度值小于"输入黑色"值或大于"输入白色"值的像素。

色阶效果演示如图6-108、图6-109和图6-110所示。

图6-108　　　　　　　　　图6-109　　　　　　　　　图6-110

任务6.4　掌握生成效果

生成效果可以创造一些原画面中没有的效果，这些效果在动画制作中有着广泛的应用。

任务实践　制作动感模糊文字

任务目标　掌握生成效果。

任务要点　使用"卡片擦除"命令制作动感文字，使用"定向模糊"命令、"色阶"命令、"Shine"命令制作文字发光效果并改变发光颜色，使用"镜头光晕"命令添加镜头光晕效果。最终效果参考学习资源中的"项目6\制作动感模糊文字\制作动感模糊文字.aep"，如图6-111所示。

图6-111

任务操作

1. 输入文字

01 按Ctrl+N快捷键，弹出"合成设置"对话框，在"合成名称"文本框中输入"最终效果"，其他选项的设置如图6-112所示，单击"确定"按钮，创建一个新的合成。

02 选择"文件 > 导入 > 文件"命令，在弹出的"导入文件"对话框中，选择学习资源中的"项目6\制作动感模糊文字\（Footage）\01.mpeg"文件，单击"导入"按钮，将选中的文件导入"项目"面板。保持"01.mpeg"文件的选中状态，将其拖曳到"时间轴"面板中。"合成"面板中的效果如图6-113所示。

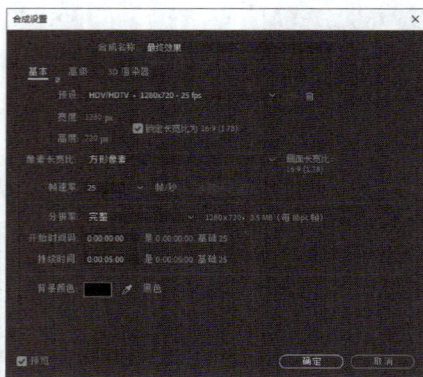

图6-112　　　　　　　　　　　　　　　图6-113

03 选择横排文字工具 **T**，输入文字"滦平金山岭长城"。选中文字，在"字符"面板中设置文字的属性，如图6-114所示。按P键，展开"位置"属性，设置"位置"为639.0,355.6。"合成"面板中的效果如图6-115所示。

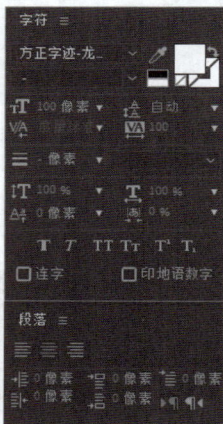

图6-114　　　　　　　　　　　　　　　图6-115

2．添加文字效果

01 选中文本图层，选择"效果> 过渡 > 卡片擦除"命令，在"效果控件"面板中设置参数，如图6-116所示。"合成"面板中的效果如图6-117所示。

02 将时间标签放置在0:00:00:00的位置。在"效果控件"面板中，单击"过渡完成"左侧的"关键帧自动记录器"按钮 ⏱，如图6-118所示，记录第1个关键帧。

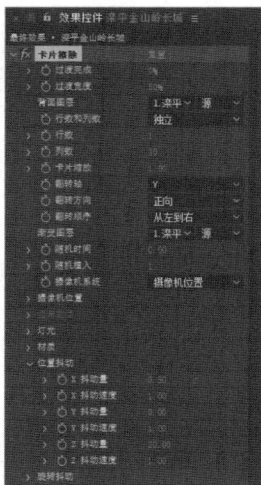

图6-116

图6-117

图6-118

03 将时间标签放置在0:00:02:00的位置，在"效果控件"面板中，设置"过渡完成"为100%，如图6-119所示，记录第2个关键帧。"合成"面板中的效果如图6-120所示。

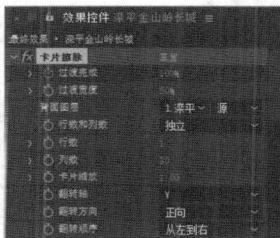

图6-119

图6-120

04 将时间标签放置在0:00:00:00的位置，在"效果控件"面板中展开"摄像机位置"选项组，设置"Y轴旋转"为100x+0.0°、"Z位置"为1.00。分别单击"摄像机位置"选项组中的"Y轴旋转"和"Z位置"、"位置抖动"选项组中的"X抖动量"和"Z抖动量"左侧的"关键帧自动记录器"按钮▧，如图6-121所示。

05 将时间标签放置在0:00:02:00的位置，设置"Y轴旋转"为0x+0.0°、"Z位置"为2.00、"X抖动量"为0.00、"Z抖动量"为0.00，如图6-122所示。"合成"面板中的效果如图6-123所示。

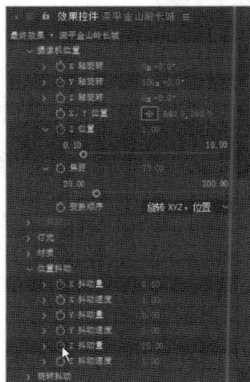

图6-121

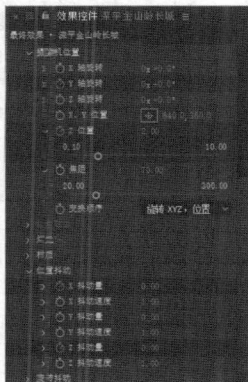

图6-122

图6-123

3. 添加文字动感效果

01 选中文本图层，按Ctrl+D快捷键复制图层，如图6-124所示。在"时间轴"面板中，设置复制得到的图层的混合模式为"相加"，如图6-125所示。

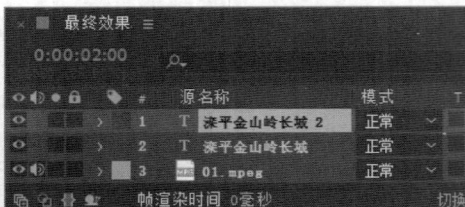

图6-124

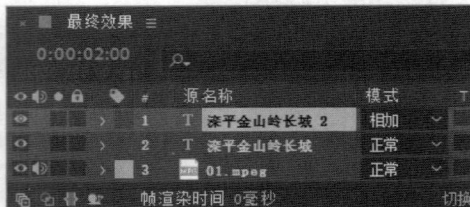

图6-125

02 选中"滦平金山岭长城 2"图层，选择"效果 > 模糊和锐化 > 定向模糊"命令，在"效果控件"面板中设置参数，如图6-126所示。"合成"面板中的效果如图6-127所示。

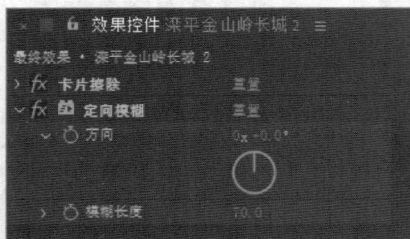

图6-126

图6-127

03 将时间标签放置在0:00:00:00的位置，在"效果控件"面板中，单击"模糊长度"左侧的"关键帧自动记录器"按钮，如图6-128所示，记录第1个关键帧。将时间标签放置在0:00:01:00的位置，在"效果控件"面板中，设置"模糊长度"为100.0，如图6-129所示，记录第2个关键帧。

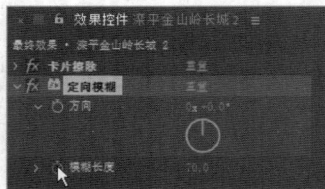

图6-128

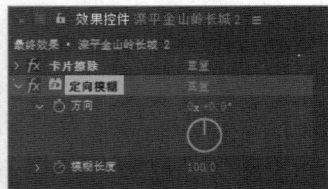

图6-129

04 将时间标签放置在0:00:02:00的位置，按U键，展开"滦平金山岭长城 2"图层的所有关键帧，单击"模糊长度"左侧的"在当前时间添加或移除关键帧"按钮，记录第3个关键帧，如图6-130所示。

05 将时间标签放置在0:00:02:05的位置，在"时间轴"面板中，设置"模糊长度"为150.0，如图6-131所示，记录第4个关键帧。

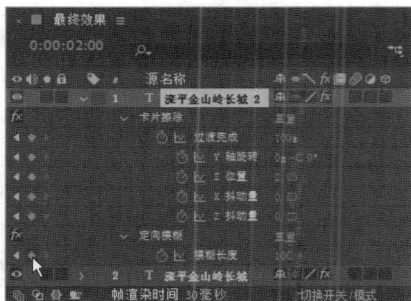

图6-130

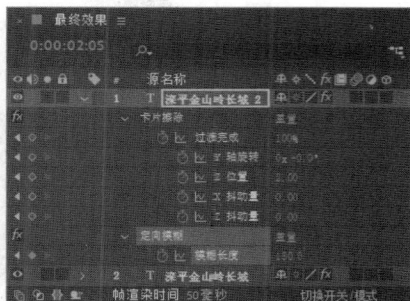

图6-131

06 选择"效果 > 颜色校正 > 色阶"命令，在"效果控件"面板中设置参数，如图6-132所示。选择"效果 > Trapcode > Shine"命令，在"效果控件"面板中设置参数，如图6-133所示。"合成"面板中的效果如图6-134所示。

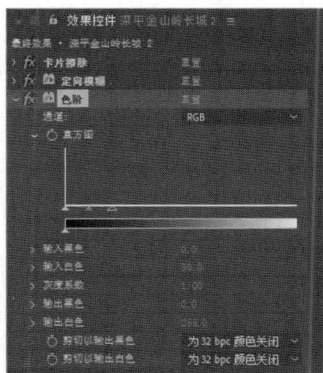

图6-132

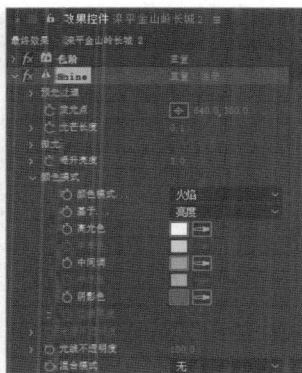

图6-133

图6-134

07 在当前合成中新建一个黑色纯色图层"遮罩"。将时间标签放置在0:00:02:00的位置，按P键，展开"位置"属性，设置"位置"为903.0,360.0，单击"位置"左侧的"关键帧自动记录器"按钮，如图6-135所示，记录第1个关键帧。将时间标签放置在0:00:03:00的位置，设置"位置"为1823.0,360.0，如图6-136所示，记录第2个关键帧。

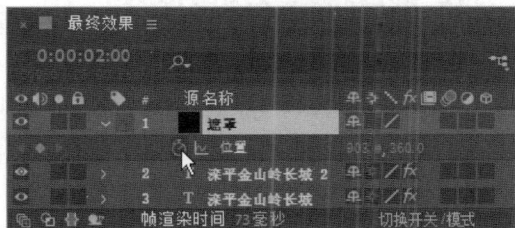

图6-135

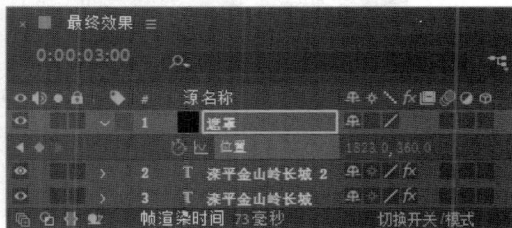

图6-136

08 选中"滦平金山岭长城 2"图层，将该图层的"轨道遮罩"设置为"1.遮罩"，如图6-137所示。"合成"面板中的效果如图6-138所示。

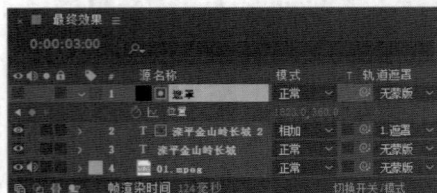

图6-137 　　　　　　　　　　　　图6-138

4. 添加镜头光晕效果

01 将时间标签放置在0:00:02:00的位置，在当前合成中新建一个黑色纯色图层"光晕"，如图6-139所示。在"时间轴"面板中，设置"光晕"图层的混合模式为"相加"，如图6-140所示。

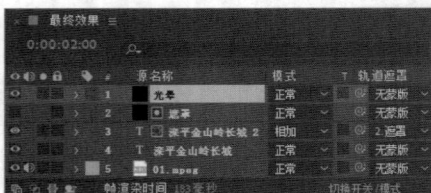

图6-139 　　　　　　　　　　　　图6-140

02 选中"光晕"图层，选择"效果 > 生成 > 镜头光晕"命令，在"效果控件"面板中设置参数，如图6-141所示。"合成"面板中的效果如图6-142所示。

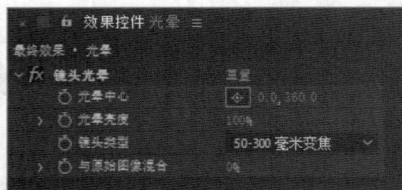

图6-141 　　　　　　　　　　　　图6-142

03 在"效果控件"面板中，单击"光晕中心"左侧的"关键帧自动记录器"按钮，如图6-143所示，记录第1个关键帧。将时间标签放置在0:00:03:00的位置，在"效果控件"面板中，设置"光晕中心"为1280.0,360.0，如图6-144所示，记录第2个关键帧。

图6-143 　　　　　　　　　　　　图6-144

04 选中"光晕"图层，将时间标签放置在0:00:02:00的位置，按Alt+ [快捷键设置动画的入点，如图6-145所示。将时间标签放置在0:00:C3:00的位置，按Alt+] 快捷键设置动画的出点，如图6-146所示。动感模糊文字制作完成。

图6-145

图6-146

任务知识

6.4.1 高级闪电

高级闪电效果可以模拟真实的闪电和放电效果，并自动设置动画，其参数如图6-147所示。

闪电类型： 设置闪电的类型。

源点： 设置闪电的起始位置。

方向： 设置闪电的结束位置。

传导率状态： 设置闪电的主干变化趋势。

核心半径： 设置闪电主干的宽度。

核心不透明度： 设置闪电主干的不透明度。

核心颜色： 设置闪电主干的颜色。

发光半径： 设置闪电光晕的大小。

发光不透明度： 设置闪电光晕的不透明度。

发光颜色： 设置闪电光晕的颜色。

Alpha障碍： 设置闪电障碍的大小。

湍流： 设置闪电的流动变化。

分叉： 设置闪电的分叉数量。

衰减： 设置闪电的衰减数量。

图6-147

主核心衰减： 勾选此复选框，可以设置闪电的主核心衰减量。

在原始图像上合成： 勾选此复选框，可以直接针对原始图像设置闪电。

复杂度： 设置闪电的复杂程度。

最小分叉距离： 设置闪电分叉之间的距离。值越大，分叉越少。

终止阈值： 为低值时闪电更容易终止。

仅主核心碰撞： 勾选该复选框，则只有主核心会受到Alpha障碍的影响，从主核心衍生出的分叉不

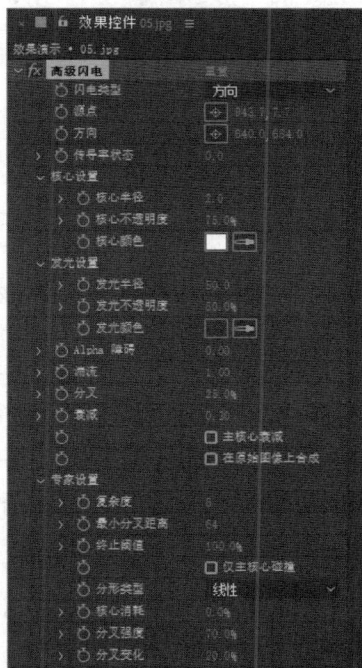

会受到影响。

分形类型： 设置闪电主干的线条样式。

核心消耗： 设置闪电主干的渐隐结束。

分叉强度： 设置闪电分叉的强度。

分叉变化： 设置闪电分叉的变化。

高级闪电效果演示如图6-148、图6-149和图6-150所示。

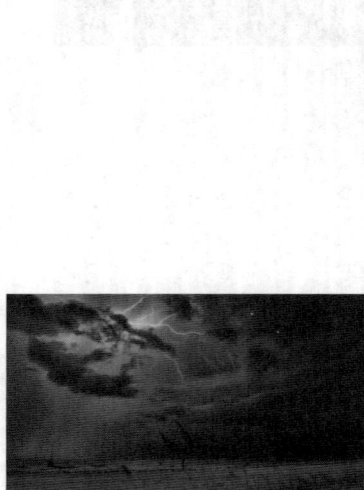

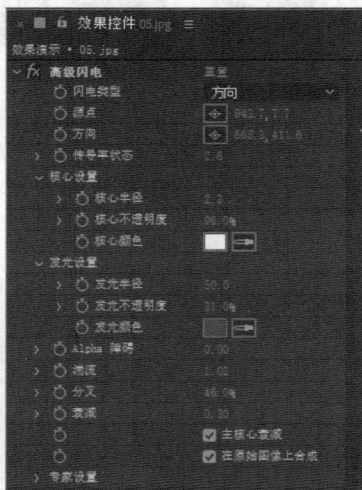

图6-148　　　　　　　　　　　图6-149　　　　　　　　　　　图6-150

6.4.2　镜头光晕

镜头光晕效果可以模拟镜头拍摄发光的物体时，经过多片镜头所产生的多道光环效果，这是后期制作中经常用来提升画面效果的手法，其参数如图6-151所示。

图6-151

光晕中心： 设置发光点的中心位置。

光晕亮度： 设置光晕的亮度。

镜头类型： 选择镜头的类型，有50-300毫米变焦、35毫米定焦和105毫米定焦3种。

与原始图像混合： 设置与原素材图像的混合程度。

镜头光晕效果演示如图6-152、图6-153和图6-154所示。

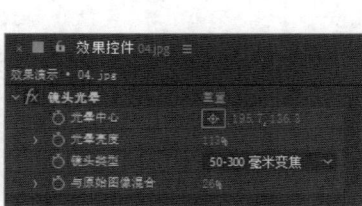

图6-152　　　　　　　　　　　图6-153　　　　　　　　　　　图6-154

6.4.3　单元格图案

单元格图案效果可以根据单元格杂色生成单元格图案，其参数如图6-155所示。

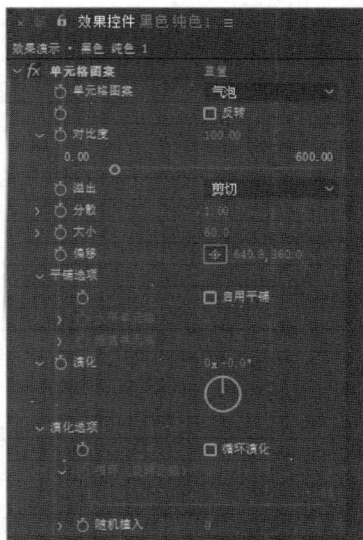

单元格图案： 选择图案的类型。

反转： 勾选此复选框，反转图案效果。

对比度： 设置单元格颜色的对比度。

溢出： 设置溢出方式，有剪切、柔和固定、反绕3种。

分散： 设置图案的分散程度。

大小： 设置单个图案的大小。

偏移： 设置图案偏离中心点的距离。

平铺选项： 勾选"启用平铺"复选框后，可以设置"水平单元格"和"垂直单元格"的数值。

演化： 为这个参数设置关键帧，可以记录运动变化的动画效果。

图6-155

演化选项： 设置图案的各种扩展变化。

循环（旋转次数）： 设置图案的循环次数。

随机植入： 设置图案的随机植入的速度。

单元格图案效果演示如图6-156、图6-157和图6-158所示。

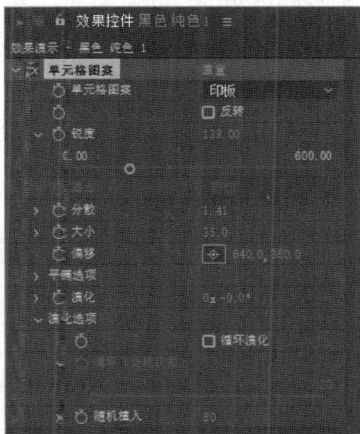

图6-156

图6-157

图6-158

6.4.4　棋盘

棋盘效果能在图像上创建类似�盘格的图案效果，其参数如图6-159所示。

锚点： 设置棋盘格的位置。

　　大小依据： 选择棋盘格的尺寸类型，包括边角点、宽度滑块、宽度和高度滑块3种。

　　边角： 只有在"大小依据"下拉列表中选择"边角点"选项，才能激活此参数。该参数用于设置矩形的尺寸。

　　宽度： 只有在"大小依据"下拉列表中选择"宽度滑块"或"宽度和高度滑块"选项，才能激活此参数。该参数用于设置矩形的高度和宽度都等于"宽度"值。

　　高度： 只有在"大小依据"下拉列表中选择"宽度和高度滑块"选项，才能激活此参数。该参数用于设置矩形的高度等于"高度"值，矩形的宽度等于"宽度"值。

　　羽化： 设置棋盘格水平和垂直边缘的羽化程度。

　　颜色： 选择格子的颜色。

　　不透明度： 设置棋盘的不透明度。

　　混合模式： 设置棋盘与原图的混合方式。

　　棋盘效果演示如图6-160、图6-161和图6-162所示。

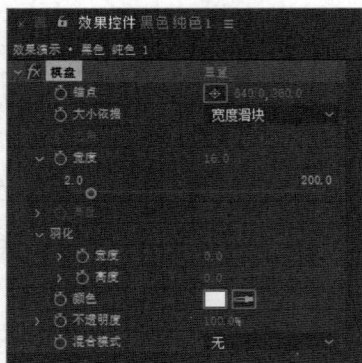

图6-159

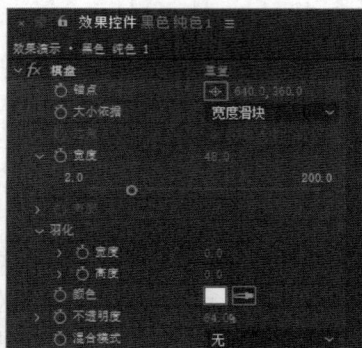

图6-160　　　　　　　　　　图6-161

图6-162

任务6.5　掌握扭曲效果

　　扭曲效果主要用来对图像进行扭曲变形，是很重要的一类画面效果，可以对画面中的形状进行校正，也可以使正常的画面变形为特殊的效果。

任务实践　制作光芒放射效果

任务目标　学习使用扭曲效果制作放射的光芒效果。

任务要点　使用"分形杂色"命令、"定向模糊"命令、"色相/饱和度"命令、"发光"命令、"极坐标"命令制作光芒放射效果。最终效果参考学习资源中的"项目6\制作光芒放射效果\制作光芒放射效果.aep"，如图6-163所示。

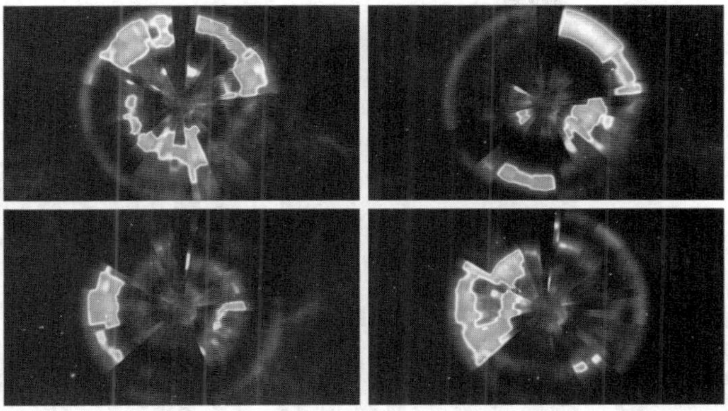

图6-163

任务操作

01 按Ctrl+N快捷键，弹出"合成设置"对话框，在"合成名称"文本框中输入"最终效果"，其他选项的设置如图6-164所示，单击"确定"按钮，创建一个新的合成。

02 选择"文件 > 导入 > 文件"命令，在弹出的"导入文件"对话框中，选择学习资源中的"项目6\制作光芒放射效果\（Footage）\ 01.mp4"文件，单击"导入"按钮，将选中的文件导入"项目"面板。保持"01.mp4"文件的选中状态，将其拖曳到"时间轴"面板中。"合成"面板中的效果如图6-165所示。

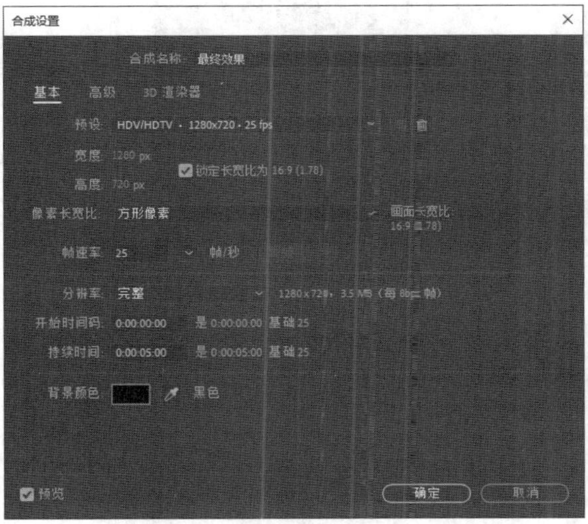

图6-164

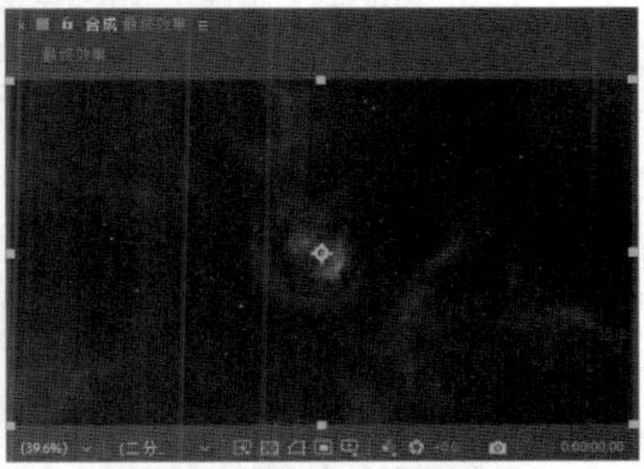

图6-165

03 选择"图层 > 新建 > 纯色"命令，弹出"纯色设置"对话框，在"名称"文本框中输入"放射光芒"，将"颜色"设置为黑色，单击"确定"按钮，在"时间轴"面板中新增一个黑色纯色图层，如图6-166所示。

04 选中"放射光芒"图层，选择"效果 > 杂色和颗粒 > 分形杂色"命令，在"效果控件"面板中设置参数，如图6-167所示。"合成"面板中的效果如图6-168所示。

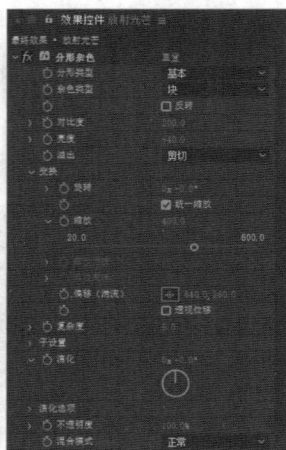

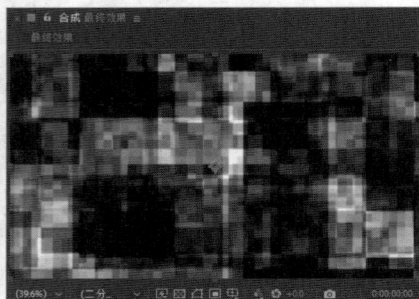

图6-166　　　　　　　　　图6-167　　　　　　　　　图6-168

05 将时间标签放置在0:00:00:00的位置，在"效果控件"面板中，单击"演化"左侧的"关键帧自动记录器"按钮，如图6-169所示，记录第1个关键帧。将时间标签放置在0:00:04:24的位置，在"效果控件"面板中，设置"演化"为10x+0.0°，如图6-170所示，记录第2个关键帧。

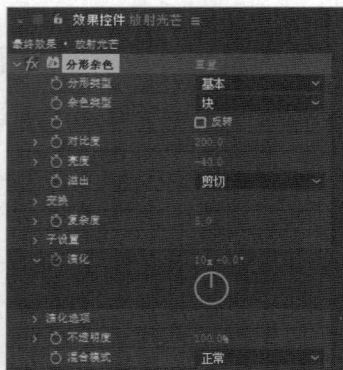

图6-169　　　　　　　　　　　　　　　图6-170

06 将时间标签放置在0:00:00:00的位置，选中"放射光芒"图层，选择"效果 > 模糊和锐化 > 定向模糊"命令，在"效果控件"面板中设置参数，如图6-171所示。"合成"面板中的效果如图6-172所示。

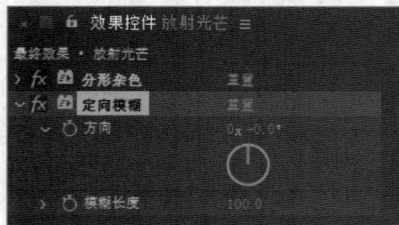

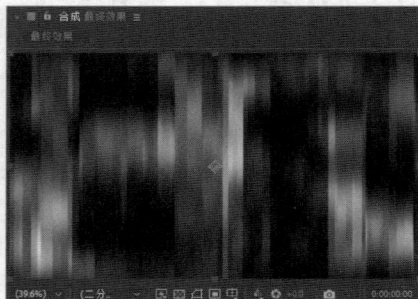

图6-171　　　　　　　　　　　　　　　图6-172

07 选择"效果 > 颜色校正 > 色相/饱和度"命令，在"效果控件"面板中设置参数，如图6-173所示。"合成"面板中的效果如图6-174所示。

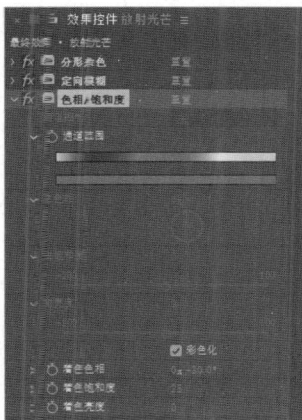
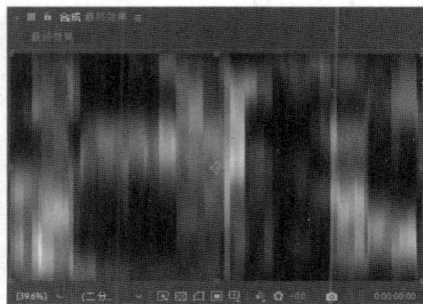

图6-173　　　　　　　　图6-174

08 选择"效果 > 风格化 > 发光"命令，在"效果控件"面板中，设置"颜色A"为粉色（其R、G、B值分别为255、194、194），设置"颜色B"为红色（其R、G、B值分别为255、0、0），其他参数的设置如图6-175所示。"合成"面板中的效果如图6-176所示。

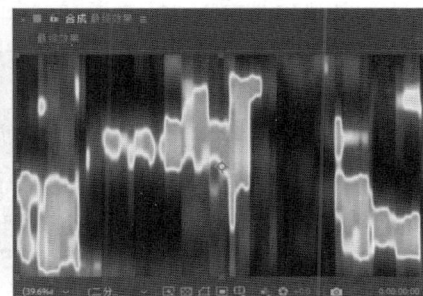

图6-175　　　　　　　　图6-176

09 选择"效果 > 扭曲 > 极坐标"命令，在"效果控件"面板中设置参数，如图6-177所示。"合成"面板中的效果如图6-178所示。

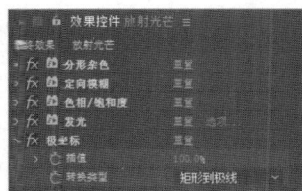
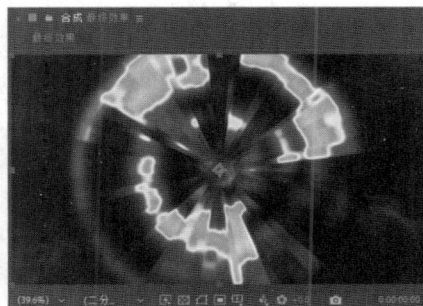

图6-177　　　　　　　　图6-178

10 按S键，展开"缩放"属性，设置"缩放"为80.0,80.0%，设置"放射光芒"图层的混合模式为"相加"，如图6-179所示。光芒放射效果制作完成，"合成"面板中的效果如图6-180所示。

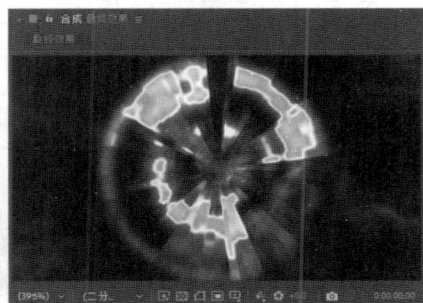

图6-179　　　　　　　　图6-180

任务知识

6.5.1 凸出

凸出效果可以模拟图像透过气泡或放大镜时所产生的放大效果，其参数如图6-181所示。

图6-181

水平半径： 设置膨胀效果的水平半径。

垂直平径： 设置膨胀效果的垂直半径。

凸出中心： 设置膨胀效果的中心定位点。

凸出高度： 设置膨胀程度。值为正时膨胀，值为负时收缩。

锥形半径： 设置膨胀边界的锐利程度。

消除锯齿（仅最佳品质）： 设置反锯齿，只用于最高质量。

固定所有边缘： 勾选此复选框，可固定所有边界。

凸出效果演示如图6-182、图6-183和图6-184所示。

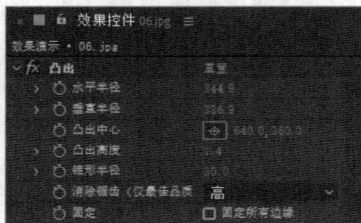

图6-182   图6-183   图6-184

6.5.2 边角定位

边角定位效果通过改变4个角的位置来使图像变形，可根据需要进行定位。该效果可以拉伸、收缩、倾斜和扭曲图像，也可以用来模拟透视效果，还可以和运动蒙版图层相结合，形成画中画的效果，其参数如图6-185所示。

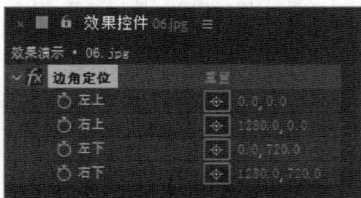

图6-185

左上： 设置左上定位点。

右上： 设置右上定位点。

左下： 设置左下定位点。

右下： 设置右下定位点。

边角定位效果演示如图6-186所示。

图6-186

6.5.3　网格变形

网格变形效果使用网格化的曲线切片控制图像的变形区域，其参数如图6-187所示。对网格变形效果的控制，确定好网格数量之后，更多的是在合成图像中拖曳网格的节点来完成。

行数：设置网格行数。

列数：设置网格列数。

品质：弹性设置。

扭曲网格：用于改变分辨率，此参数在行/列数发生变化时显示。拖曳节点调整更细微的效果时，可以增加行/列数（控制节点）。

网格变形效果演示如图6-188、图6-189和图6-190所示。

图6-187

图6-188

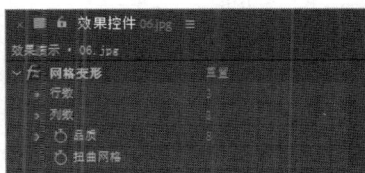

图6-189

图6-190

6.5.4　极坐标

极坐标效果用来将图像的直角坐标转化为极坐标，以产生扭曲效果，其参数如图6-191所示。

插值：设置扭曲程度。

转换类型：设置转换类型。"极线到矩形"表示将极坐标转化为直角坐标，"矩形到极线"表示将直角坐标转化为极坐标。

极坐标效果演示如图6-192、图6-193和图6-194所示。

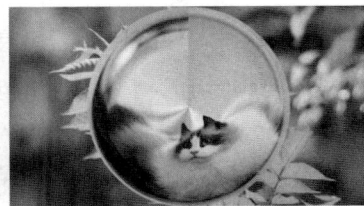

图6-191

图6-192

图6-193

图6-194

6.5.5　置换图

置换图效果用另一幅作为映射层的图像的像素来置换原图像的像素，通过映射的像素颜色值对本层变形，变形方向分为水平和垂直两个方向，其参数如图6-195所示。

置换图层： 选择作为映射层的图像。

用于水平置换/用于垂直置换： 调节水平或垂直方向的通道，默认范围为-100~100，最大范围为-32000~32000。

最大水平置换/最大垂直置换： 调节映射层的水平或垂直位置。在水平方向上，数值为负数表示向左移动、为正数表示向右移动；在垂直方向上，数值为负数表示向下移动、为正数表示向上移动。默认范围为-100~100，最大范围为-32000~32000。

置换图特性： 选择映射方式。

边缘特性： 设置边缘行为。

像素回绕： 锁定边缘像素。

扩展输出： 勾选此复选框，置换图效果将伸展到原图像边缘外。

置换图效果演示如图6-196、图6-197和图6-198所示。

图6-195

图6-196

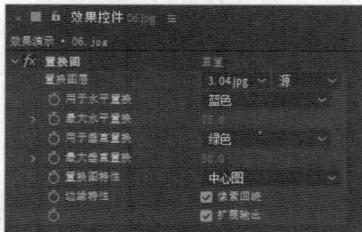

图6-197

图6-198

任务6.6 熟悉杂色和颗粒效果

杂色和颗粒效果可以为素材设置噪波或颗粒效果，可分散素材或使素材的形状产生变化。

任务实践 为画面添加磨砂效果

任务目标 学习使用杂色和颗粒效果。

任务要点 使用Ctrl+N快捷键创建合成，使用"色阶"命令和"曲线"命令调整视频画面的明亮度，使用"移除颗粒"命令修饰视频画面。最终效果参考学习资源中的"项目6\为画面添加磨砂效果\为画面添加磨砂效果.aep"，如图6-199所示。

图6-199

任务操作

01 按Ctrl+N快捷键，弹出"合成设置"对话框，在"合成名称"文本框中输入"最终效果"，其他选项的设置如图6-200所示，单击"确定"按钮，创建一个新的合成。

02 选择"文件 > 导入 > 文件"命令，在弹出的"导入文件"对话框中，选择学习资源中的"项目6\为画面添加磨砂效果\（Footage）\01.mp4"文件，单击"导入"按钮，将选中的文件导入"项目"面板。

保持"01.mp4"文件的选中状态，将其拖曳到"时间轴"面板中。"合成"面板中的效果如图6-201所示。

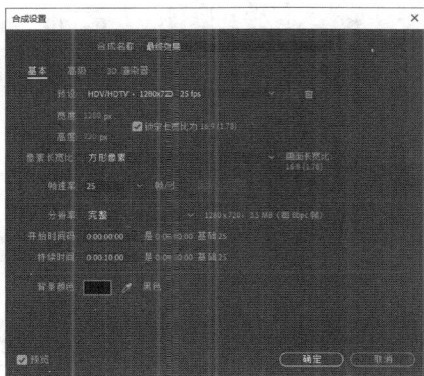

图6-200

图6-201

03 选中"01.mp4"图层，选择"效果 > 颜色校正 > 色阶"命令，在"效果控件"面板中设置参数，如图6-202所示。"合成"面板中的效果如图6-203所示。

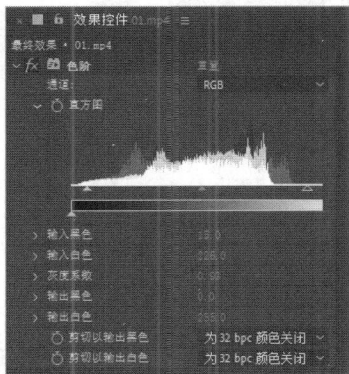

图6-202

图6-203

04 选择"效果 > 颜色校正 > 曲线"命令，在"效果控件"面板中调整曲线，如图6-204所示。"合成"面板中的效果如图6-205所示。

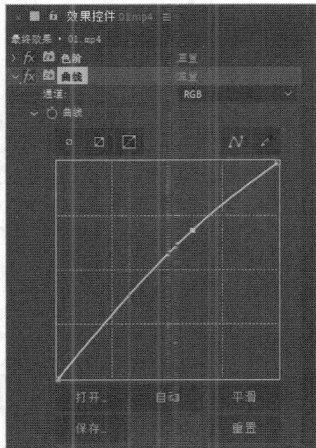

图6-204

图6-205

05 选择"效果 > 杂色和颗粒 > 移除颗粒"命令，在"效果控件"面板中进行参数设置，如图6-206所示。"合成"面板中的效果如图6-207所示。

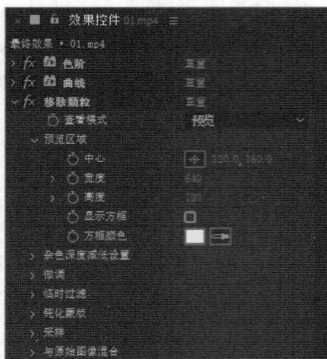

图6-206

图6-207

06 再次添加移除颗粒效果，并在"效果控件"面板中设置参数，如图6-208所示。"合成"面板中的效果如图6-209所示。

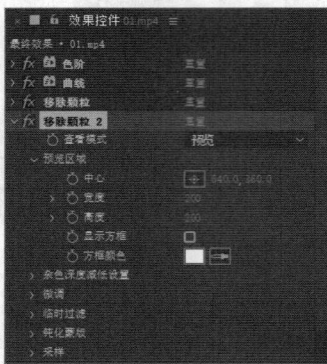

图6-208

图6-209

任务知识

6.6.1 分形杂色

分形杂色效果可以模拟烟、云、水流等纹理图案，其参数如图6-210所示。

分形类型：选择分形类型。

杂色类型：选择杂波的类型。

反转：勾选此复选框，反转图像的颜色，将黑色和白色反转。

对比度：调节生成杂波图像的对比度。

亮度：调节生成杂波图像的亮度。

溢出：选择杂波图案的比例、旋转和偏移等。

复杂度：设置杂波图案的复杂程度。

子设置：杂波的子分形变化的相关设置（如子分形影响力、子分形缩放等）。

演化：使用渐进式旋转，以继续使用每次添加的旋转更改图像。

演化选项：控制分形变化的一些设置（如循环、随机植入等）。

不透明度：设置生成的杂波图像的不透明度。

混合模式：选择生成的杂波图像与原素材图像的叠加模式。

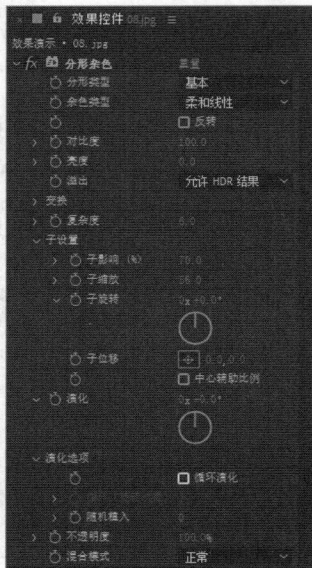

图6-210

分形杂色效果演示如图 6-211、图6-212和图6-213 所示。

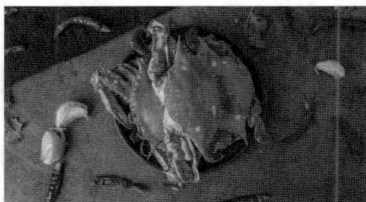

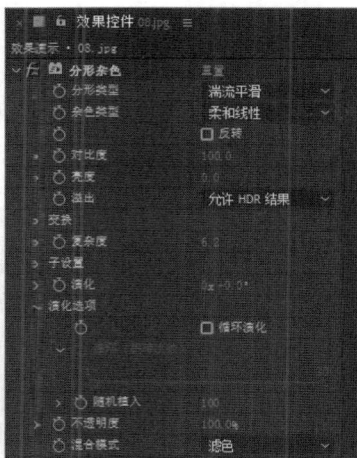

图6-211　　　　　　　　图6-212　　　　　　　　图6-213

6.6.2　中间值（旧版）

中间值效果使用指定半径范围内的像素的中位数来替代原始像素值，其参数如图6-214所示。为半径指定较低数值时，该效果可以用来减少画面中的杂点；指定较高数值时，会产生一种绘画效果。

半径： 指定像素半径。

在Alpha通道上运算： 应用于Alpha通道。

中间值效果演示如图6-215、图6-216和图6-217所示。

图6-214

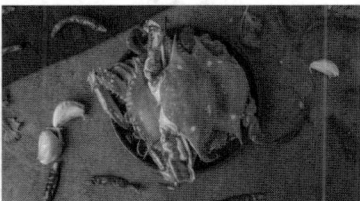

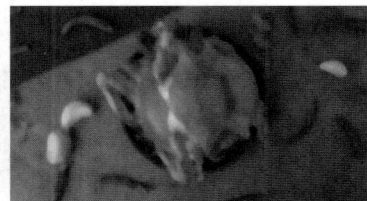

图6-215　　　　　　　　图6-216　　　　　　　　图6-217

6.6.3　移除颗粒

移除颗粒效果可以移除画面中的杂点和颗粒，其参数如图6-218所示。

查看模式： 设置查看的模式，有"预览""杂色样本""混合遮罩""最终输出"4种。

预览区域： 设置预览区域的大小、位置等。

杂色深度减低设置： 对杂点或噪波进行设置。

微调： 对材质、尺寸、色泽等进行精细的设置。

临时过滤： 设置是否开启实时过滤。

钝化蒙版： 设置反锐化遮罩。

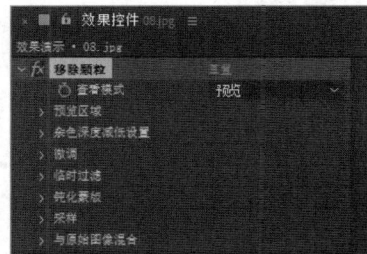

图6-218

采样： 设置采样情况、采样点等参数。

与原始图像混合： 混合原始图像。

移除颗粒效果演示如图6-219、图6-220和图6-221所示。

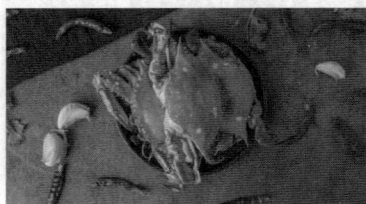 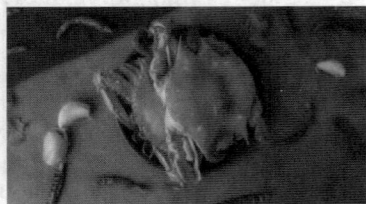

| 图6-219 | 图6-220 | 图6-221 |

任务6.7 熟悉模拟效果

模拟效果有卡片动画、焦散、泡沫、碎片和粒子运动场等，这些效果功能强大，可以用来设置多种逼真的效果，不过其参数较多，设置也比较复杂。

任务实践 制作气泡效果

任务目标 学习使用泡沫效果。

任务要点 使用"泡沫"命令制作气泡效果。最终效果参考学习资源中的"项目6\制作气泡效果\制作气泡效果.aep"，如图6-222所示。

图6-222

任务操作

01 按Ctrl+N快捷键，弹出"合成设置"对话框，在"合成名称"文本框中输入"最终效果"，其他选项的设置如图6-223所示，单击"确定"按钮，创建一个新的合成。

02 选择"文件 > 导入 > 文件"命令，在弹出的"导入文件"对话框中，选择学习资源中的"项目6\制作气泡效果\（Footage）\ 01.mp4"文件，单击"导入"按钮，将选中的文件导入"项目"面板。保持"01.mp4"文件的选中状态，将其拖曳到"时间轴"面板中。"合成"面板中的效果如图6-224所示。

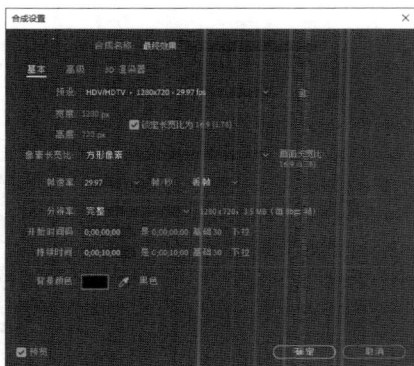

图6-223　　　　　　　　　　　图6-224

03 选中"01.mp4"图层，按Ctrl+D快捷键复制图层。选择"效果 > 模拟 > 泡沫"命令，在"效果控件"面板中进行参数设置，如图6-225所示。

图6-225

04 将时间标签放置在0:00:00:00的位置，在"效果控件"面板中，单击"气泡"选项组中"强度"左侧的"关键帧自动记录器"按钮，如图6-226所示，记录第1个关键帧。将时间标签放置在0:00:06:00的位置，在"效果控件"面板中，设置"强度"为50.000，如图6-227所示，记录第2个关键帧。

气泡效果制作完成，"合成"面板中的效果如图6-228所示。

图6-226　　　　　　图6-227

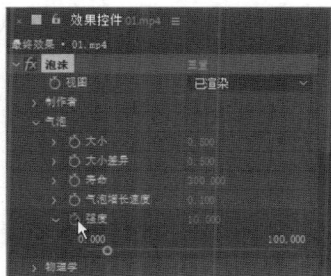

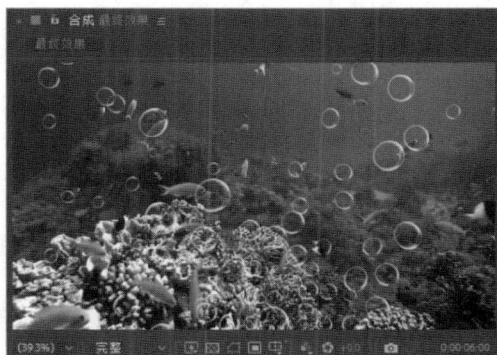

图6-228

任务知识

6.7.1 泡沫

泡沫效果的参数如图6-229所示。

视图：在该下拉列表中，可以选择气泡效果的显示方式。

制作者：用于设置气泡的粒子发射器的相关参数，如图6-230所示。

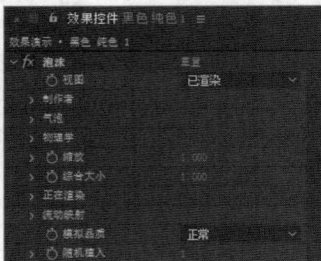
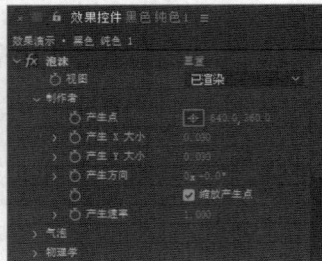

图6-229　　　　　　　　　　　　　　　　图6-230

产生点：控制发射器的位置。所有的气泡粒子都由发射器产生，类似于水枪喷出气泡。

产生X/Y大小：用于调整产生气泡区域的宽度和高度。

产生方向：旋转发射器，使气泡产生旋转效果。

缩放产生点：可缩放发射器位置。如果不勾选此复选框，则系统默认以发射效果点为中心缩放发射器的位置。

产生速率：控制发射器的发射速度。一般情况下，值越大，发射速度越快，单位时间内产生的气泡粒子也越多。当值为0时，不发射粒子。系统发射粒子时，在效果的开始位置，粒子数目为0。

气泡：可以对气泡粒子的大小、寿命及强度进行控制，如图6-231所示。

大小：控制气泡粒子的尺寸。值越大，每个气泡粒子越大。

大小差异：控制粒子的大小差异。值越大，每个粒子的大小差异越大。值为0时，每个粒子的最终大小相同。

寿命：控制每个粒子的生命值。每个粒子在发射后，最终都会消失。生命值即粒子从产生到消失的时间。

气泡增长速度：控制每个粒子生长的速度，即粒子从产生到变为最终大小的时间。

强度：控制粒子效果的强度。

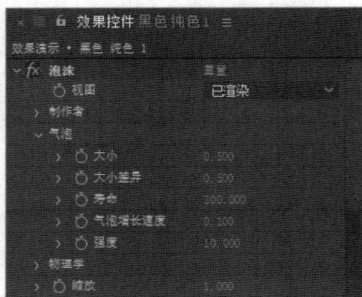

图6-231

物理学：该参数用于指定气泡的运动和特性，如图6-232所示。

初始速度：控制粒子特效的初始速度。

初始方向：控制粒子特效的初始方向。

风速：控制影响粒子的风速。

风向：控制风的方向。

湍流：控制粒子的混乱度。值越大，粒子运动越混乱，会同时向四面八方发散；值较小，则粒子运动较为有序和集中。

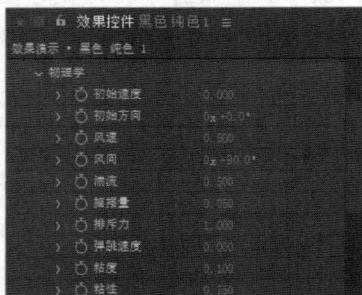

图6-232

摇摆量：控制粒子的摇摆强度。值较大时，粒子会产生摇摆变形。

排斥力：在粒子间产生排斥力。值越大，粒子间的排斥性越强。

弹跳速度：控制粒子的总速率。

粘度：控制粒子的黏度。值越小，粒子堆砌得越紧密。

粘性：控制粒子间的黏性。

缩放： 对粒子效果进行缩放。

综合大小： 控制粒子效果的综合尺寸。

正在渲染： 控制粒子的渲染属性，如"混合模式"下的粒子纹理及反射效果等。该参数栏的设置效果仅在渲染模式下可见，其中的参数如图6-233所示。

混合模式：控制粒子间的融合模式。在"透明"模式下，粒子与粒子间进行透明叠加。

气泡纹理：选择气泡粒子的材质。

气泡纹理分层：除系统预制的粒子材质外，还可以指定合成图像中的一个层作为粒子材质。该层可以是动画层，粒子将使用其动画材质。在"气泡纹理分层"选项右侧的"无"下拉列表中选择粒子材质。注意，必须在"气泡纹理"下拉列表中将粒子材质设置为"用户自定义"才行。

气泡方向：设置气泡的方向。可以使用默认的坐标，也可以使用物理参数控制方向，还可以根据气泡速率进行控制。

环境映射：所有的气泡粒子都可以对周围的环境进行映射，可以在该下拉列表中指定气泡粒子的反射层。

反射强度：控制反射的强度。

反射融合：控制反射的融合程度。

流动映射： 可以在该参数栏中指定一个层来影响粒子效果，如图6-234所示。

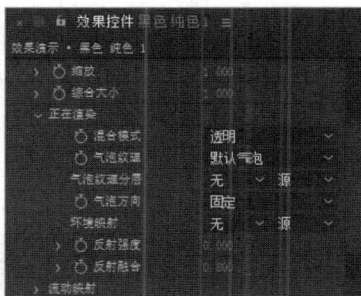

图6-233　　　　　　　　　　图6-234

流动映射黑白对比：控制参考图对粒子的影响。

流动映射匹配：设置参考图的大小。可以使用合成图像屏幕大小或粒子效果的总体范围大小。

模拟品质：设置气泡粒子的仿真质量。

泡沫效果演示如图6-235、图6-236和图6-237所示。

图6-235 图6-236 图6-237

6.7.2 碎片

碎片效果的参数如图6-238所示。

视图： 选择碎片效果的显示方式。

渲染： 显示有纹理和光照的碎片，就像在最终输出中看到的一样。

形状： 用于设置碎片的形状和外观，相关参数如图6-239所示。

图案：指定用于爆炸块的预设图案。

自定义碎片图：指定要用作爆炸块的形状的图层。

白色拼贴已修复：勾选此复选框，可防止自定义碎片图中的纯白色拼贴爆炸。

重复：指定拼贴图案的数量。

方向：相对于图层旋转预设碎片图。

源点：在图层上精确定位预设碎片图。

凸出深度：为爆炸块添加三维效果。值越大，碎片越厚。

作用力1/作用力2： 用于定义爆炸区域，相关参数如图6-240所示。

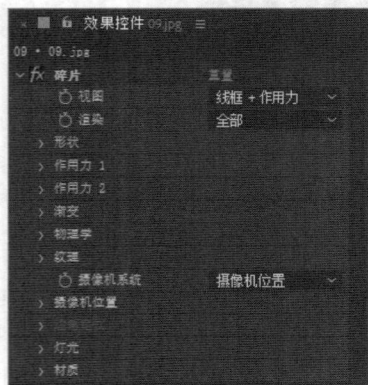
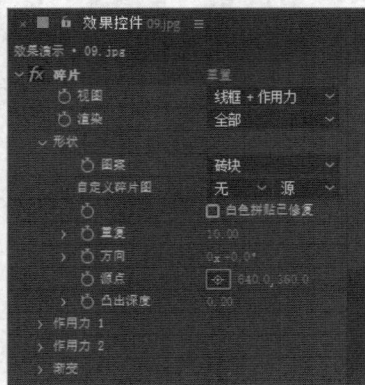
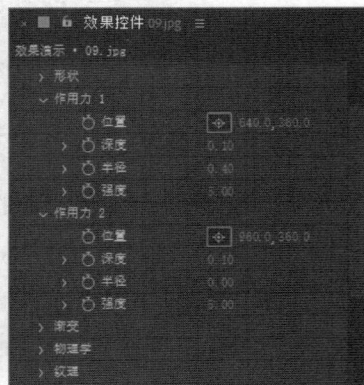

图6-238 图6-239 图6-240

位置：指定 (x,y) 空间中爆炸的当前中心点。

深度：指定 z 空间的当前中心点，或爆炸点到图层前面或后面的距离。

半径：设置爆炸块的大小。半径是指从圆（或球）的中心到边缘的距离。

强度：设置爆炸块移动的速度。强度是指碎块飞离或飞回爆炸点的猛烈程度。值为正使碎块飞离爆炸点，值为负使碎块飞向爆炸点。正值越大，碎块飞离中心点的速度越快、距离越远；负值越大，碎块飞向爆炸点的速度越快。

渐变： 指定渐变图层，相关参数如图6-241所示。

碎片阈值：指定力球中根据指定渐变图层的相应明亮度粉碎的碎块数量。

渐变图层：指定特定图层，确定目标图层特定区域粉碎的时间。

反转渐变：反转渐变的像素值，如白色变为黑色，黑色变为白色。

物理学： 用于指定碎块在整个空间中移动和下落的方式，相关参数如图6-242所示。

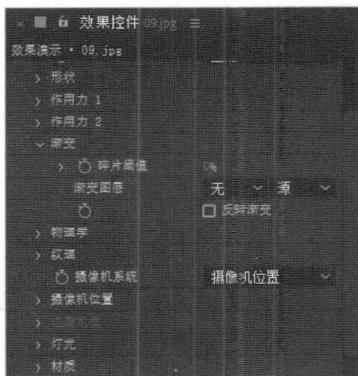　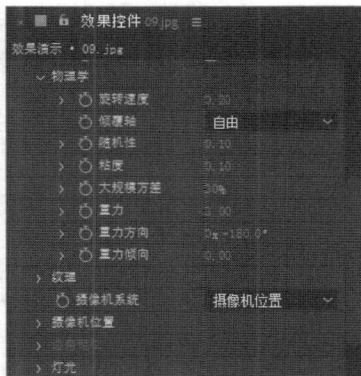

图6-241　　　　　　　　　　　　图6-242

旋转速度：指定碎块围绕倾覆轴旋转的速度。

倾覆轴：指定碎块旋转所围绕的轴。"自由"表示按任意方向旋转，"无"表示无旋转，"X""Y""Z"表示使碎块仅围绕所选轴旋转，"XY""XZ""YZ"表示碎块仅围绕所选轴组合旋转。

随机性：用于影响力球生成的初始速率和旋转。

粘度：指定碎块爆开后减速的快慢。值越大，碎块移动和旋转时遇到的阻力越大。

大规模方差：指定碎块爆炸时碎片的理论权重。

重力：确定碎片破碎并爆开后发生的情况。值越大，碎片飞到"重力方向"和"重力倾向"设置的方向的速度越快。

重力方向：定义碎片受重力影响时在 (x,y) 空间中移动的方向。方向是相对于图层的。如果将"重力倾向"设置为-90 或 90，则"重力方向"无效。

重力倾向：确定碎块爆炸后在 z 空间中移动的方向。若值为90，则使碎块相对于图层向前爆炸。若值为-90，则使碎块相对于图层向后爆炸。

纹理： 用于指定碎片的纹理，相关参数如图6-243所示。

颜色：指定碎片的颜色。

不透明度：控制相应模式设置的不透明度。不透明度的模式设置必须是"颜色 + 不透明度"、"图层 + 不透明度"或"着色图层 + 不透明度"，才能影响碎片的外观。

正面模式、侧面模式、背面模式：指定碎片正面、侧面和背面的外观。

正面图层、侧面图层、背面图层：指定要映射到相应碎片面的图层。正面图层用于将所选图层映射到碎片的正面。背面图层用于将所选图层向后映射到图层。侧面图层用于将所选图层的凸出映射到碎片的凸出，类似于将所选图层也映射到正面和背面，并且此图层已切片。

摄像机系统：选择效果使用的是"摄像机位置"属性、效果的"边角定位"属性，还是默认的合成摄像机和光照位置来渲染3D图像。

摄像机位置： 用于指定使用效果的摄像机位置属性，相关参数如图6-244所示。

X 轴旋转、Y 轴旋转、Z 轴旋转：围绕相应的轴旋转摄像机。

X、Y 位置：设置摄像机在 (x, y) 空间中的位置。

Z 位置：设置摄像机在z轴上的位置。

焦距：设置缩放系数。值越小，视角越大。

变换顺序：设置摄像机围绕其3个轴旋转的顺序，以及摄像机是在使用其他摄像机位置控件定位之前还是之后旋转。

边角定位： 此控件可用作辅助控件，以便将效果的结果合成到相对于帧倾斜的平面上的场景中，相关参数如图6-245所示。

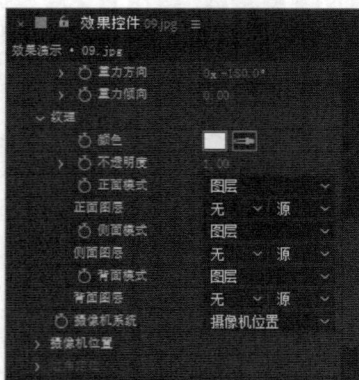

图6-243　　　　　　　　　　　图6-244

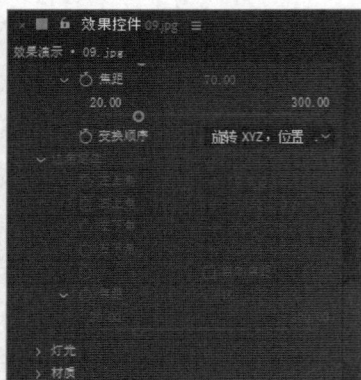

图6-245

左上角、右上角、左下角、右下角：设置附加图层的每个角的位置。

自动焦距：控制动画播放期间效果的透视。

焦距：若已获得的结果不是所需结果，则覆盖其他设置。

灯光： 设置灯光效果，相关参数如图6-246所示。

灯光类型：指定要使用的灯光的类型。"远光源"用于模拟阳光，向一个方向投影，其中所有光线几乎从同一角度照在对象上。"点光源'用于模拟灯光，向各个方向投影。"首选合成灯光"在合成中使用首选光照图层，可使用各种设置。

灯光强度：指定灯光的强度。值越大，图层越亮。其他灯光设置也会影响整体灯光强度。

灯光颜色：指定灯光的颜色。

灯光位置：指定灯光在(x, y)空间中的位置。

灯光深度：指定灯光在z空间中的位置。值为负表示将灯光移到图层后面。

周围光：在图层上分布灯光。

材质：用于指定反射值，相关参数如图6-247所示。

漫反射：为对象赋予界定外形的阴影。

镜面反射：模拟镜面反射。

高光锐度：控制反光强度。

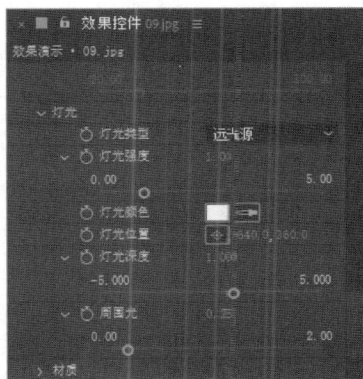

图6-246

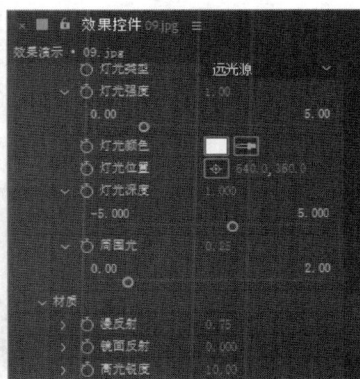

图6-247

碎片效果演示如图6-248、图6-249和图6-250所示。

图6-248

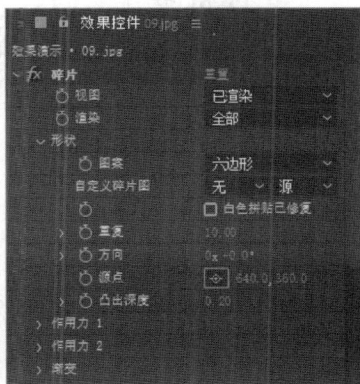

图6-249

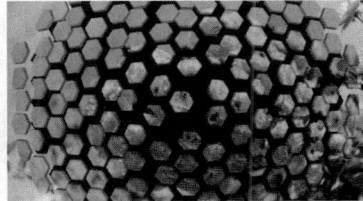

图6-250

项目实践 制作保留颜色效果

项目要点 使用"曲线"命令、"保留颜色"命令、"色相/饱和度"命令调整图片的局部颜色效果。最终效果参考学习资源中的"项目6\制作保留颜色效果\制作保留颜色效果.aep",如图6-251所示。

图6-251

课后习题 制作随机线条效果

习题要点 使用"照片滤镜"命令和"自然饱和度"命令调整视频的色调,使用"分形杂色"命令制作随机线条效果。最终效果参考学习资源中的"项目6\制作随机线条效果\制作随机线条效果.aep",如图6-252所示。

图6-252

项目 7

跟踪与表达式

本项目旨在帮助读者掌握After Effects 2024中的单点跟踪和多点跟踪，以及创建表达式和编辑表达式的方法。通过对本项目的学习，读者可以学会制作跟踪对象运动的动画效果，完成最终的影片效果。

学习目标

● 掌握跟踪运动的应用
● 掌握表达式的应用

技能目标

● 掌握"跟踪对象运动效果"的制作方法
● 掌握"文字晃动效果"的制作方法

素养目标

● 培养良好的艺术感知和审美能力
● 培养准确观察和分析对象特点的能力

任务7.1 掌握跟踪运动的应用

　　跟踪运动是对影片中产生运动的物体进行追踪。应用跟踪运动时，合成文件中至少有两个图层：一个图层是追踪目标图层，另一个图层是连接到追踪点的图层。当导入影片素材后，在菜单栏中选择"动画 > 跟踪运动"命令，即可开始跟踪运动，如图7-1所示。

图7-1

任务实践　制作跟踪对象运动效果

任务目标 学习使用"跟踪运动"命令。

任务要点 使用"导入"命令导入素材文件；使用"跟踪器"面板编辑多个跟踪点，实现跟踪运动。最终效果参考学习资源中的"项目7\制作跟踪对象运动效果\制作跟踪对象运动效果.aep"，如图7-2所示。

图7-2

任务操作

01 按Ctrl+N快捷键，弹出"合成设置"对话框，在"合成名称"文本框中输入"最终效果"，其他选项的设置如图7-3所示，单击"确定"按钮，创建一个新的合成。

02 选择"文件 > 导入 >文件"命令，在弹出的"导入文件"对话框中，选择学习资源中的"项目7\制作跟踪对象运动效果\（Footage）\01.mpeg和02.mp4"文件，单击"导入"按钮，将选中的文件导入"项目"面板，如图7-4所示。

图7-3

图7-4

03 在"项目"面板中保持"01.mpeg"文件和"02.mp4"文件的选中状态,将它们拖曳到"时间轴"面板中,图层的排列顺序如图7-5所示。"合成"面板中的效果如图7-6所示。

图7-5

图7-6

04 选择"窗口 > 跟踪器"命令,打开"跟踪器"面板,如图7-7所示。选中"01.mpeg"图层,在"跟踪器"面板中单击"跟踪运动"按钮,使面板处于激活状态,如图7-8所示。"合成"面板中的效果如图7-9所示。

图7-7

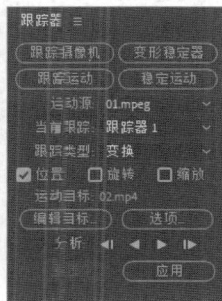

图7-8

图7-9

05 在"跟踪器"面板的"跟踪类型"下拉列表中选择"透视边角定位"选项,如图7-10所示。"合成"面板中的效果如图7-11所示。

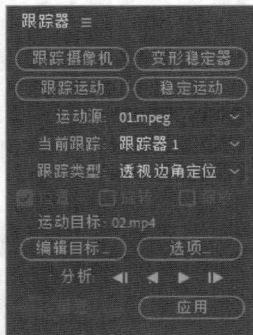

图7-10　　　　　　　　　　　　　　图7-11

06 分别拖曳4个控制点到广告牌的四角，如图7-12所示。在"跟踪器"面板中单击"向前分析"按钮自动进行跟踪计算，如图7-13所示。单击"应用"按钮，如图7-14所示，完成跟踪的设置。

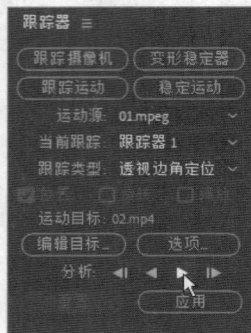

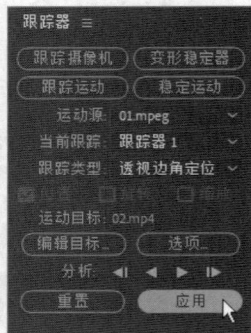

图7-12　　　　　　　　　图7-13　　　　　　　　　图7-14

07 选中"01.mpeg"图层，按U键，展开所有关键帧，可以看到控制点经过跟踪计算后所产生的一系列关键帧，如图7-15所示。

图7-15

08 选中"02.mp4"图层，按U键，展开所有关键帧，同样可以看到因跟踪而产生的一系列关键帧，如图7-16所示。

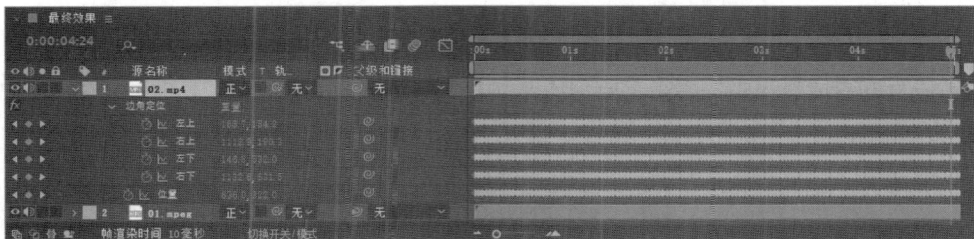

图7-16

　　跟踪对象运动效果制作完成，"合成"面板中的效果如图7-17所示。

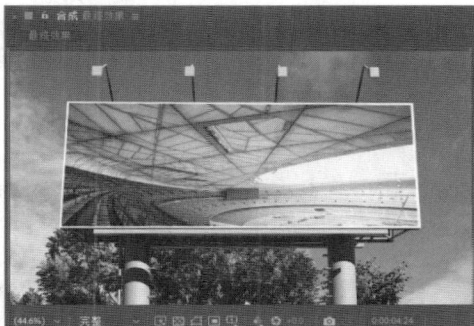

图7-17

任务知识

7.1.1　单点跟踪

　　在某些合成效果中，可能需要使某种效果跟随另外一个物体运动，从而创建出最佳效果。例如，动态跟踪通过追踪树叶尖头部位单点的运动轨迹，使调节图层与树叶尖头部位的运动轨迹相同，如图7-18所示。

图7-18

　　选择"动画 > 跟踪运动"或"窗口 > 跟踪器"命令，打开"跟踪器"面板，在"图层"面板中显示当前图层。设置"跟踪类型"为"变换"，制作单点跟踪效果。在该面板中可以设置"跟踪摄像机""变形稳定器""跟踪运动""稳定运动""运动源""当前跟踪""跟踪类型""位置""旋转""缩放""编辑目标""选项""分析""重置""应用"等，如图7-19所示，与"图层"面板结合使用，可以设置单点跟踪。

图7-19

145

7.1.2 多点跟踪

在某些影片的合成过程中，经常需要将动态影片中的某部分图像设置成其他图像，并生成跟踪效果，从而得到想要的结果。例如，将一段影片与另一指定的图像进行置换合成。动态跟踪通过追踪笔记本式计算机屏幕上4个点的运动轨迹，使指定置换的图像与笔记本式计算机屏幕的运动轨迹相同，完成合成效果，合成前与合成后的效果分别如图7-20和图7-21所示。

图7-20

图7-21

多点跟踪的设置与单点跟踪的设置大部分相同，只是要在"跟踪类型"下拉列表中选择"透视边角定位"选项。指定类型后，"图层"面板中会由原来的一个跟踪点变成4个跟踪点，从而制作多点跟踪效果，如图7-22所示。

图7-22

任务7.2 掌握表达式的应用

表达式可以创建一个图层属性或一个属性关键帧到另一个图层属性或另一个属性关键帧的联系，从而实现复杂的动画。在After Effects 2024中想要给一个图层添加表达式，首先需要给该图层添加一个"表达式控制"效果，如图7-23所示。

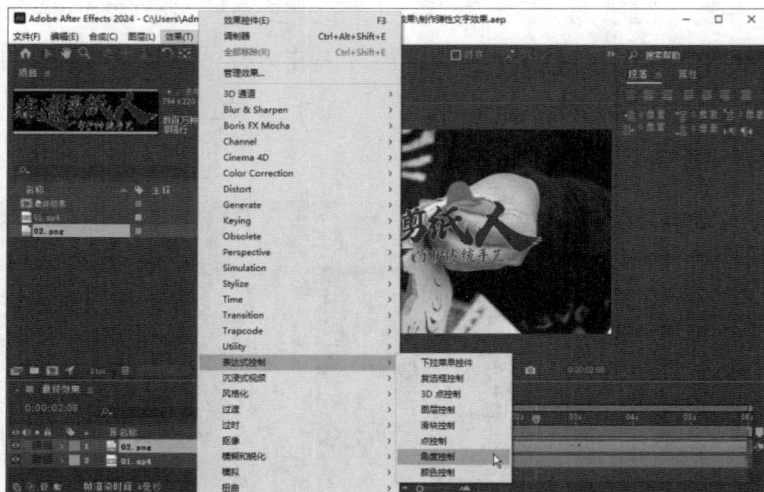
图7-23

任务实践 制作文字晃动效果

任务目标 制作文字晃动效果。

任务要点 使用"导入"命令导入图片，使用"位置"属性确定文字的位置，使用"色阶"命令调整视频画面的亮度，使用"添加表达式"命令制作文字晃动效果。最终效果参考学习资源中的"项目7\制作文字晃动效果\制作文字晃动效果.aep"，如图7-24所示。

图7-24

任务操作

01 按Ctrl+N快捷键，弹出"合成设置"对话框，在"合成名称"文本框中输入"最终效果"，其他选项的设置如图7-25所示，单击"确定'按钮，创建一个新的合成。

02 选择"文件 > 导入 >文件"命令，在弹出的"导入文件"对话框中，选择学习资源中的"项目7\制作文字晃动效果\（Footage）\01.mp4和02.png"文件，单击"导入"按钮，将选中的文件导入"项目"面板，如图7-26所示。

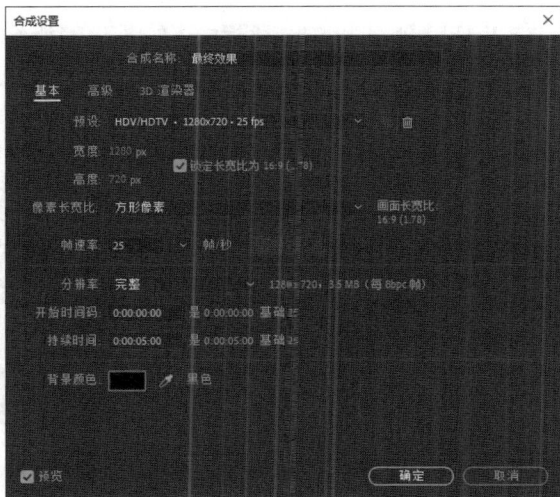

图7-25

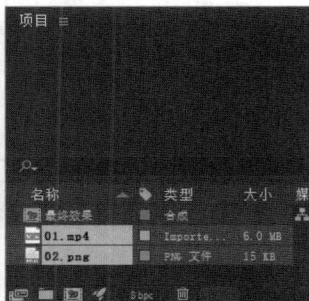

图7-26

03 在"项目"面板中，选中"01.mp4"文件，将其拖曳到"时间轴"面板中；按P键，展开"位置"属性，设置"位置"为679.0,360.0，如图7-27所示。"合成"面板中的效果如图7-28所示。

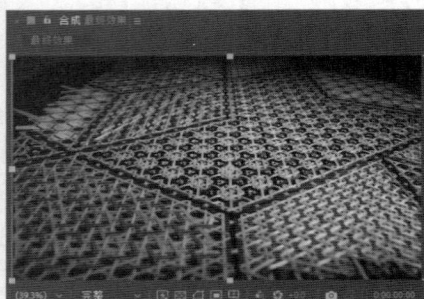

图7-27　　　　　　　　　　　　　图7-28

04 选择"效果 > 颜色校正 > 色阶"命令，在"效果控件"面板中进行参数设置，如图7-29所示。"合成"面板中的效果如图7-30所示。

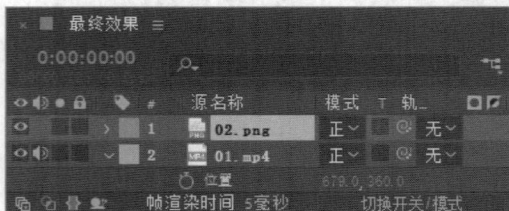

图7-29　　　　　　　　　　　　　图7-30

05 在"项目"面板中选中"02.png"文件，将其拖曳到"时间轴"面板中，如图7-31所示。"合成"面板中的效果如图7-32所示。

图7-31　　　　　　　　　　　　　图7-32

06 选中"02.png"图层，按S键，展开"缩放"属性，选中该属性，选择"动画 > 添加表达式"命令，为"缩放"属性添加一个表达式。在"时间轴"面板右侧输入如下表达式：

```
maxDev = 13;
spd = 30;
decay = 1.0;
t = time - inPoint;
x = scale[0] + maxDev*Math.sin(spd*t)/Math.exp(decay*t);
```

y = scale[0]*scale[1]/x;
[x,y]

输入的表达式效果如图7-33所示。

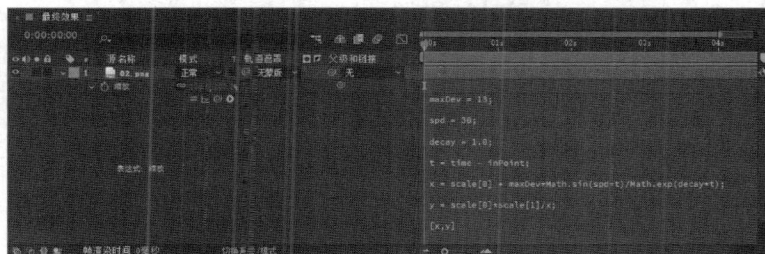

图7-33

文字晃动效果制作完成，"合成"面板
中的效果如图7-34所示。

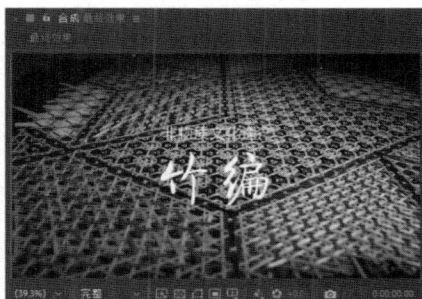

图7-34

任务知识

7.2.1 创建表达式

在"时间轴"面板中选择一个需要添加表达式的控制属性，在菜单栏中选择"动画 > 添加表达式"
命令激活该属性，如图7-35所示。属性被激活后可以在该属性右侧的表达式编辑区中直接输入表达式
覆盖现有的文字。添加了表达式的属性会自动增加"启用表达式"按钮█、"显示后表达式图表"按钮
█、"表达式关联器"按钮█和"表达式语言菜单"按钮█等，如图7-36所示。

图7-35

图7-36

创建、编写表达式的工作都在"时间轴"面板中完成，当添加一个图层属性的表达式到"时间轴"面板时，一个默认的表达式就出现在该属性右侧的表达式编辑区中。在这个表达式编辑区中可以输入新的表达式或修改表达式。许多表达式依赖于图层属性名，如果改变了一个表达式所在图层的属性名或图层名，则这个表达式可能会产生错误消息。

7.2.2 编写表达式

可以在"时间轴"面板中的表达式编辑区直接编写表达式，或通过其他文本工具编写表达式。如果在其他文本工具中编写好了表达式，将表达式复制、粘贴到表达式编辑区即可。在编写表达式时，可能需要一些JavaScript语法知识和数学基础知识。

编写表达式时，需要注意如下事项：JavaScript语句区分大小写；在一段或一行代码后需要加";"，使词间空格被忽略。

在After Effects 2024中，可以用表达式语言访问属性值。访问属性值时，用"."将对象连接起来，例如，连接效果、蒙版、文字动画可以用"()"；连接图层A的Opacity（不透明度）属性到图层B的高斯模糊效果的Blurriness（模糊度）属性，可以在图层A的"不透明度"属性右侧的表达式编辑区中输入如下表达式：

thisComp.layer("layer B").effect("Gaussian Blur") ("Blurriness");

表达式的默认对象是表达式中对应的属性，接着是图层中内容的表达，因此，没有必要指定属性。例如，在图层的"位置"属性上编写摆动表达式，可以用如下两种方式：

wiggle(5,10);

position.wiggle(5,10);

表达式中可以包括图层及其属性。例如，将图层B的Opacity属性与图层A的Position（位置）属性相连的表达式如下：

thisComp.layer(layerA).position[0].wiggle(5,10);

当添加一个表达式到属性后，可以连续对属性进行编辑、增加关键帧。编辑或创建的关键帧的值将在表达式以外的地方使用。

表达式是针对图层写的，不允许简单地存储和装载到一个项目。如果要存储表达式以便用于其他项目，可能要加注解或存储整个项目文件。

项目实践 制作弹性文字效果

项目要点 使用"导入"命令导入素材文件，使用"位置"属性制作位移动画，使用"添加表达式"命令为文字添加弹性效果。最终效果参考学习资源中的"项目7\制作弹性文字效果\制作弹性文字效果.aep"，如图7-37所示。

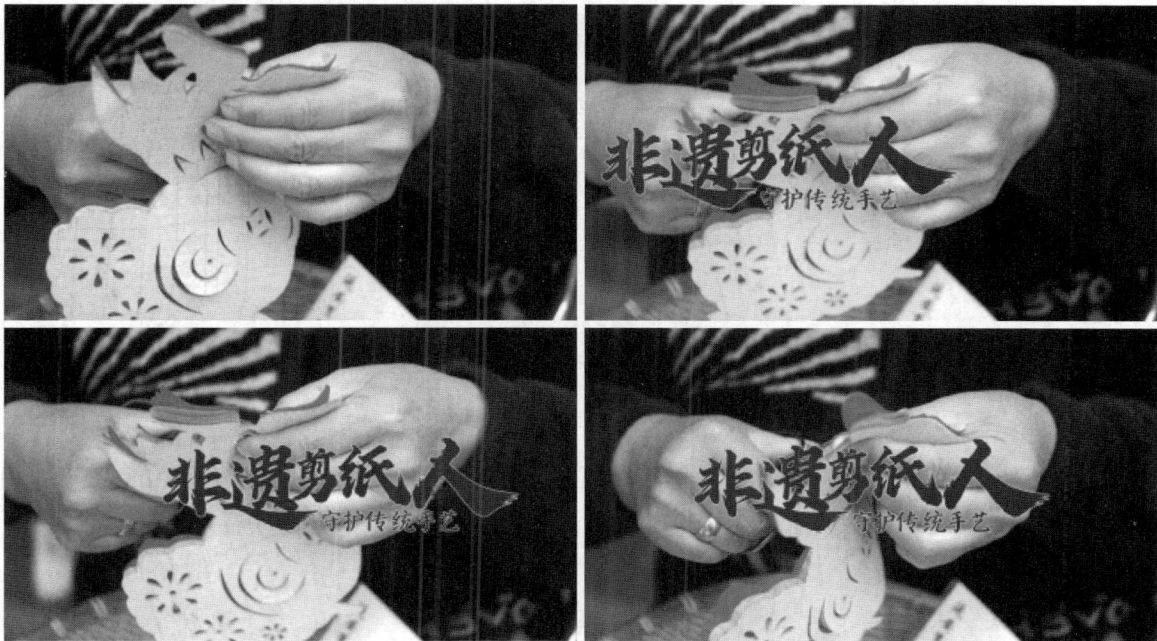

图7-37

课后习题 制作单点跟踪效果

习题要点 使用"空对象"命令新建空图层，使用"跟踪器"面板添加跟踪点。最终效果参考学习资源中的"项目7\制作单点跟踪效果\制作单点跟踪效果.aep"，如图7-38所示。

图7-38

项目 8

抠像

本项目旨在帮助读者掌握After Effects 2024中的抠像效果，包括颜色差值键、颜色键、颜色范围、差值遮罩、提取、内部/外部键、线性颜色键、亮度键、高级溢出抑制器。此外，本项目还将介绍外挂抠像插件。通过对本项目的学习，读者可以自如地应用抠像效果进行实际创作。

学习目标
- 掌握抠像效果
- 掌握外挂抠像

技能目标
- 掌握"促销广告"的制作方法
- 掌握"户外旅游广告"的制作方法

素养目标
- 培养准确观察和分析图像的能力
- 培养良好的手眼协调的能力

任务8.1　掌握抠像效果

抠像是指通过指定一种颜色，然后将与这种颜色近似的像素抠除，使其变得透明。此功能相对简单，用于处理拍摄质量好、背景颜色单一的素材会有不错的效果，但它不适合处理复杂情况。

任务实践　制作促销广告

任务目标　学习使用抠像效果制作促销广告。

任务要点　使用"导入"命令导入素材文件，使用"颜色差值键"命令修复图像效果，使用"缩放"属性和"位置"属性编辑图像的大小及位置，使用"投影"命令添加阴影效果。最终效果参考学习资源中的"项目8\制作促销广告\制作促销广告.aep"，如图8-1所示。

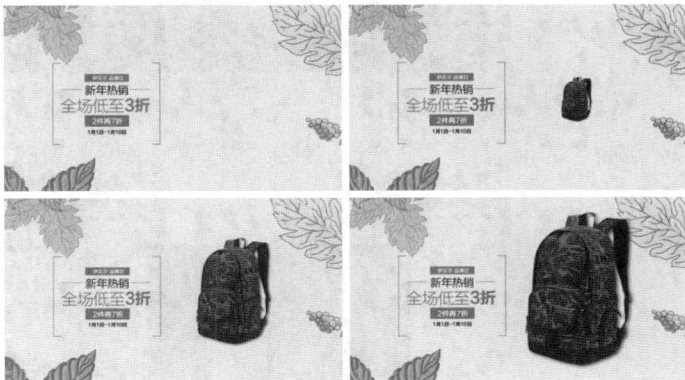

图8-1

任务操作

01 按Ctrl+N快捷键，弹出"合成设置"对话框，在"合成名称"文本框中输入"抠像"，其他选项的设置如图8-2所示，单击"确定"按钮，创建一个新的合成。

02 选择"文件 > 导入 >文件"命令，在弹出的"导入文件"对话框中，选择学习资源中的"项目8\制作促销广告\（Footage）\01.jpg和C2.jpg"文件，单击"导入"按钮，将选中的文件导入"项目"面板，如图8-3所示。

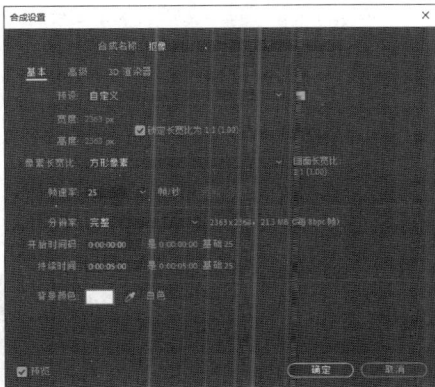

图8-2

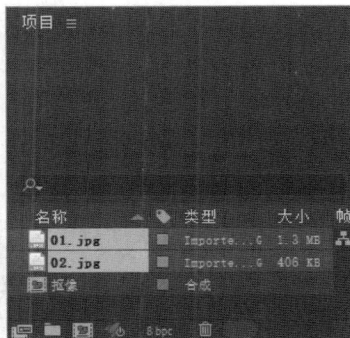

图8-3

03 在"项目"面板中,选中"01.jpg"文件,将其拖曳到"时间轴"面板中,如图8-4所示。"合成"面板中的效果如图8-5所示。

图8-4

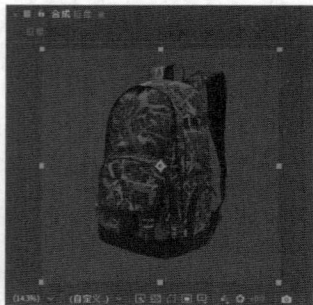

图8-5

04 选中"01.jpg"图层,选择"效果 > 抠像 > 颜色差值键"命令,在"效果控件"面板中进行参数设置,如图8-6所示。"合成"面板中的效果如图8-7所示。

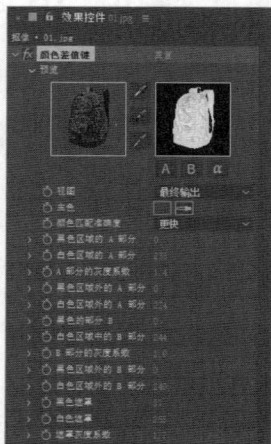

图8-6

图8-7

05 按Ctrl+N快捷键,弹出"合成设置"对话框,在"合成名称"文本框中输入"抠像效果",其他选项的设置如图8-8所示,单击"确定"按钮,创建一个新的合成。在"项目"面板中,选中"02.jpg"文件,将其拖曳到"时间轴"面板中,如图8-9所示。

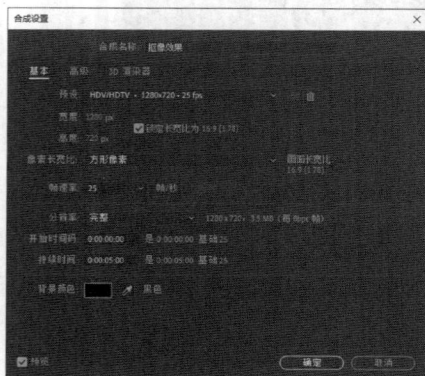

图8-8

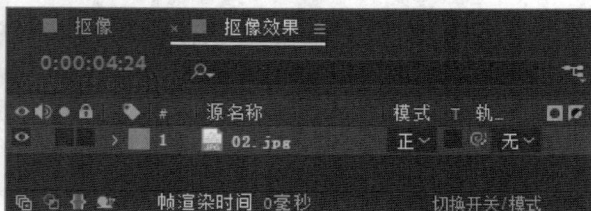

图8-9

06 在"项目"面板中，选中"抠像"合成并将其拖曳到"时间轴"面板中，如图8-10所示。"合成"面板中的效果如图8-11所示。

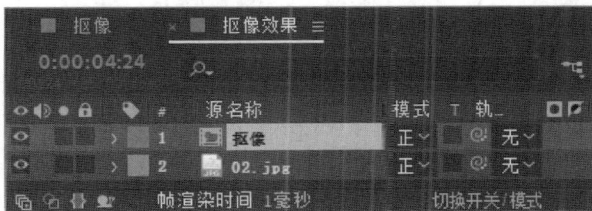

图8-10　　　　　　　　　　　　　　　　图8-11

07 选中"抠像"图层，按P键，展开"位置"属性，设置"位置"为859.9,371.0；按住Shift键，按S键，展开"缩放"属性，设置"缩放"为0.0,0.0%，如图8-12所示。"合成"面板中的效果如图8-13所示。

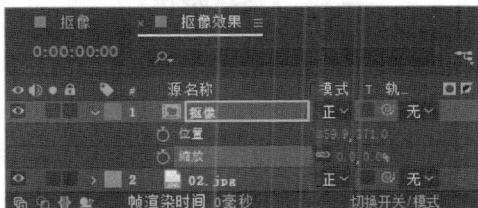

图8-12　　　　　　　　　　　　　　　　图8-13

08 单击"缩放"左侧的"关键帧自动记录器"按钮，记录第1个关键帧，如图8-14所示。将时间标签放置在0:00:00:15的位置，设置"缩放"为27.0,27.0%，如图8-15所示，记录第2个关键帧。

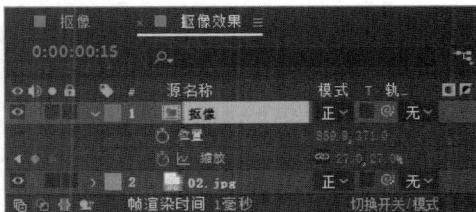

图8-14　　　　　　　　　　　　　　　　图8-15

09 将时间标签放置在0:00:04:24的位置，设置"缩放"为30.0,30.C%，如图8-16所示，记录第3个关键帧。"合成"面板中的效果如图8-17所示。

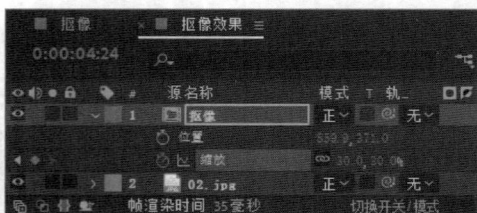

图8-16

图8-17

10 选择"效果 > 透视 > 投影"命令，在"效果控件"面板中进行参数设置，如图8-18所示。促销广告制作完成，"合成"面板中的效果如图8-19所示。

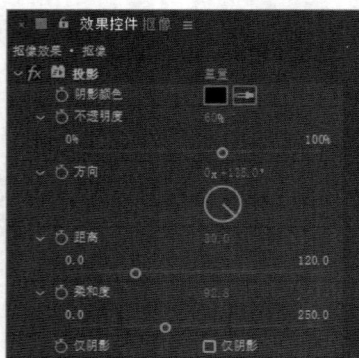

图8-18

图8-19

任务知识

8.1.1 颜色差值键

颜色差值键把图像划分为两种蒙版透明效果，如图8-20所示。局部蒙版B使指定的抠像颜色变为透明，局部蒙版A使图像中不包含第2种不同颜色的区域变为透明。这两种蒙版效果联合起来就得到最终的第3种蒙版效果，即背景变为透明。

预览： 左侧的缩略图表示原始图像，右侧的缩略图表示蒙版效果，吸管工具 用于在原始图像缩略图中拾取抠像颜色，吸管工具 用于在蒙版缩略图中拾取透明区域的颜色，吸管工具 用于在蒙版缩略图中拾取不透明区域颜色。

视图： 指定合成视图中显示的合成效果。

主色： 通过吸管工具拾取的透明区域的颜色。

颜色匹配准确度： 控制颜色匹配的精确度。若屏幕中不包含主色调，会得到较好的效果。

蒙版控制： 调整通道中的"黑色遮罩""白色遮罩""遮罩灰度系数"参数值，从而修改图像蒙版的透明度。

图8-20

8.1.2　颜色键

颜色键的参数及效果如图8-21所示。

图8-21

主色：通过吸管工具拾取的透明区域的颜色。

颜色容差：调节与抠像颜色相匹配的颜色范围。值越大，抠掉的颜色范围就越大；值越小，抠掉的颜色范围就越小。

薄化边缘：减少所选区域的边缘的像素。

羽化边缘：设置抠像区域的边缘，以产生柔和羽化效果。

8.1.3　颜色范围

颜色范围可以通过去除Lab、YUV或RGB模式中指定的颜色范围来创建透明效果，如图8-22所示。用户可以对由多种颜色组成的背景屏幕图像（如光照不均匀并且包含同种颜色阴影的蓝色或绿色屏幕图像）应用该效果。

模糊：设置选区边缘的模糊程度。

色彩空间：设置颜色模式，有Lab、YUV、RGB 3种选项，每种选项对颜色的不同变化有不同的作用。

最大值/最小值： 对图层的透明区域进行微调。

图8-22

8.1.4 差值遮罩

差值遮罩通过对比源图层和对比图层的颜色值，将源图层中与对比图层颜色相同的像素删除，从而创建透明效果。该效果的典型应用就是将复杂背景中的运动物体合成到其他场景中。通常情况下对比图层采用源图层的背景图像。差值遮罩的参数如图8-23所示。

差值图层： 指定对比图层。

如果图层大小不同： 设置对比图层与源图层的大小匹配方式，有"居中"和"拉伸"两种。

差值前模糊： 细微模糊两个图层中的颜色噪点。

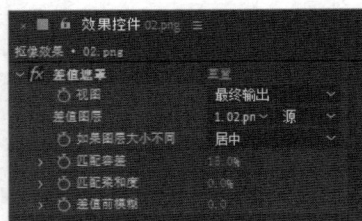

图8-23

8.1.5 提取

提取通过控制图像的亮度范围来创建透明效果，如图8-24所示。图像中所有与指定的亮度范围相近的像素都将被删除。具有黑色或白色背景的图像或者包含多种颜色的黑暗或明亮的背景图像最适合用提取来创建透明效果。提取还可以用来删除影片中的阴影。

图8-24

8.1.6　内部/外部键

　　内部/外部键通过图层的蒙版路径来确定要隔离的物体边缘，从而把前景物体从它的背景中分离出来。这里使用的蒙版路径可以十分粗糙，不一定正好在物体的边缘，如图8-25所示。

图8-25

8.1.7　线性颜色键

　　线性颜色键既可以用来抠像，又可以用来保护不应删除的颜色区域，如图8-26所示。如果在图像中抠出的物体包含被抠像颜色，当对其进行抠像时，这些区域可能也会变成透明区域，这时通过对图像应用该效果，然后在"效果控件"面板中的"主要操作"下拉列表中选择"保持颜色"选项，可找回不该删除的部分。

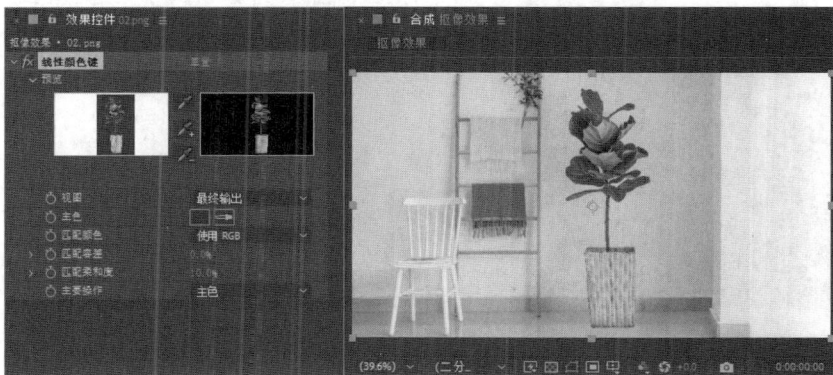

图8-26

8.1.8　亮度键

　　亮度键根据图层的亮度对图像进行抠像处理，可以将图像中具有指定亮度的所有像素都删除，从而创建透明效果，而图层质量的设置不会影响该效果，如图8-27所示。

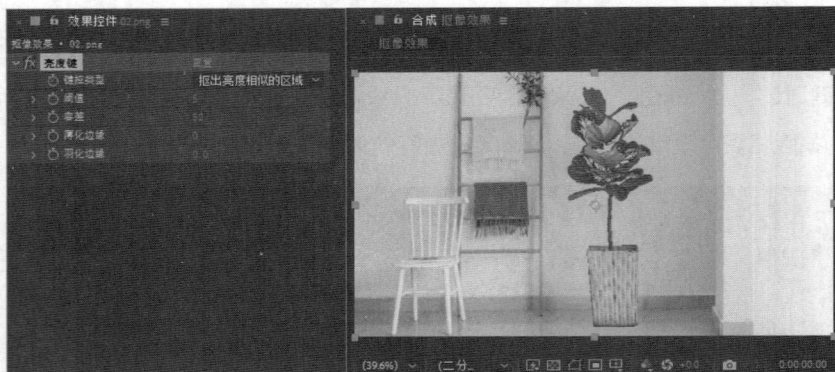

图8-27

键控类型： 包括"抠出较亮区域""抠出较暗区域""抠出亮度相似的区域""抠出亮度不同的区域"等类型。

阈值： 设置抠像的亮度极限数值。

容差： 指定接近抠像极限数值的像素范围，数值的大小可以直接影响抠像区域。

8.1.9 高级溢出抑制器

高级溢出抑制器可以去除抠像后图像中残留的痕迹，并消除图像边缘溢出的颜色，这些溢出的颜色常常是由背景的反射造成的，如图8-28所示。

图8-28

任务8.2 掌握外挂抠像

Keylight（1.2）插件是为专业的高端电影开发的抠像插件，用于精细地去除影像中任意指定的颜色。

任务实践 制作户外旅游广告

任务目标 学习使用外挂抠像插件制作复杂抠像效果。

任务要点 使用"Keylight"命令修复图片，使用"位置"属性和"不透明度"属性制作人物和文字动画。最终效果参考学习资源中的"项目8\制作户外旅游广告\制作户外旅游广告.aep"，如图8-29所示。

图8-29

任务操作

01 按Ctrl+N快捷键，弹出"合成设置"对话框，在"合成名称"文本框中输入"最终效果"，其他选项的设置如图8-30所示，单击"确定"按钮，创建一个新的合成。

02 选择"文件 > 导入 >文件"命令，在弹出的"导入文件"对话框中，选择学习资源中的"项目8\制作户外旅游广告\（Footage）\01.jpg、02.jpg、03.png和04.png"文件，单击"导入"按钮，将选中的文件导入"项目"面板，如图8-31所示。

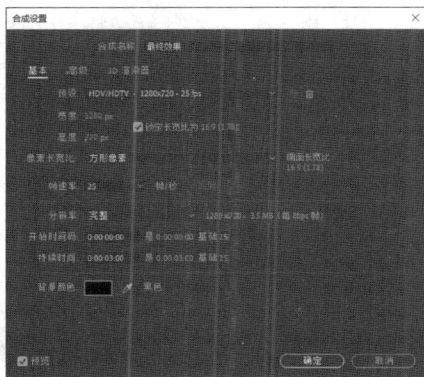

图8-30

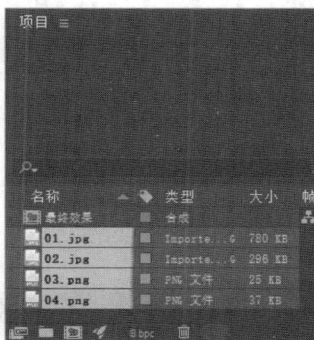

图8-31

03 在"项目"面板中选中"01.jpg"文件和"02.jpg"文件，将它们拖曳到"时间轴"面板中，图层的排列顺序如图8-32所示。"合成"面板中的效果如图8-33所示。

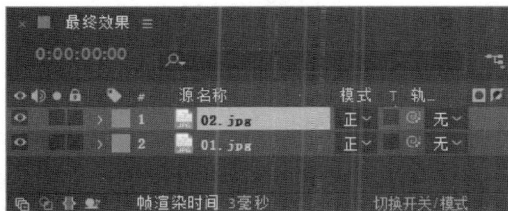

图8-32

图8-33

04 选中"02.jpg"图层,选择"效果 > Keylight > Keylight (1.2)"命令,在"效果控件"面板中单击"Screen Colour"右侧的吸管工具 ,如图8-34所示,在"合成"面板中的绿色背景上单击以吸取颜色,效果如图8-35所示。

图8-34　　　　　　　　　　　　　　图8-35

05 保持时间标签在0:00:00:00的位置,按P键,展开"位置"属性,设置"位置"为0.0,360.0;单击"位置"选项的"关键帧自动记录器"按钮 ,记录第1个关键帧,如图8-36所示。将时间标签放置在0:00:00:10的位置,设置"位置"为640.0,360.0,如图8-37所示,记录第2个关键帧。

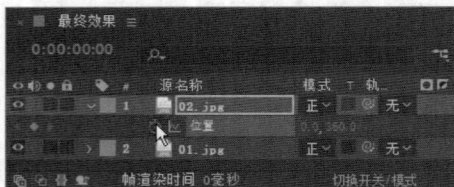
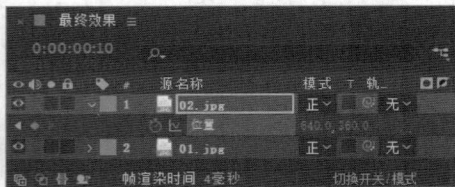

图8-36　　　　　　　　　　　　　　图8-37

06 按T键,展开"不透明度"属性,单击"不透明度"左侧的"关键帧自动记录器"按钮 ,记录第1个关键帧,如图8-38所示。将时间标签放置在0:00:00:14的位置,单击"不透明度"左侧的"在当前时间添加或移除关键帧"按钮 ,如图8-39所示,添加第2个关键帧。

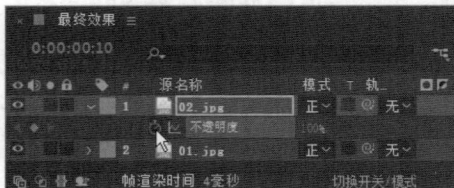
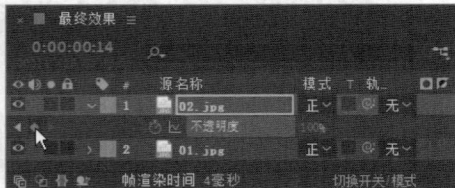

图8-38　　　　　　　　　　　　　　图8-39

07 用相同的方法将时间标签放置在0:00:00:18和0:00:00:22的位置,添加关键帧,如图8-40所示。

08 将时间标签放置在0:00:00:12的位置,设置"不透明度"为0%,添加一个关键帧。用相同的方法将时间标签放置在0:00:00:16和0:00:00:20的位置,添加关键帧,如图8-41所示。

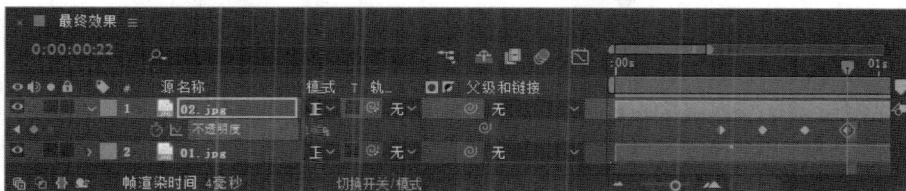

图8-40

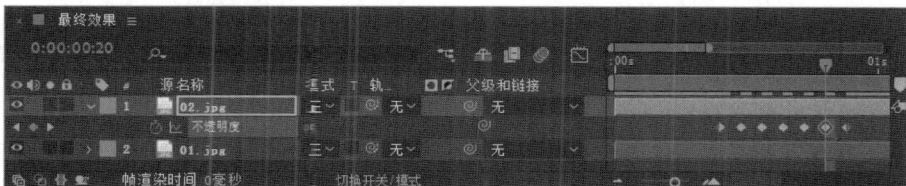

图8-41

09 在"项目"面板中选中"03.png"文件,将其拖曳到"时间轴"面板中,保持其选中状态,按P键,展开"位置"属性,设置"位置"为686.0,416.0,如图8-42所示。"合成"面板中的效果如图8-43所示。

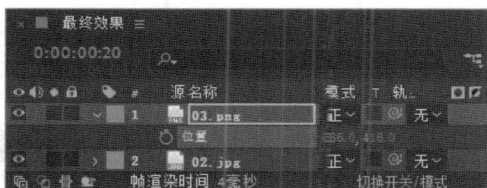

图8-42

图8-43

10 在"项目"面板中选中"04.png"文件,将其拖曳到"时间轴"面板中,保持其选中状态,按P键,展开"位置"属性,设置"位置"为940.0,300.0,如图8-44所示。"合成"面板中的效果如图8-45所示。

图8-44

图8-45

11 将时间标签放置在0:00:00:10的位置,按T键,展开"不透明度"属性,设置"不透明度"为0%,单击"不透明度"左侧的"关键帧自动记录器"按钮,记录第1个关键帧,如图8-46所示。将时间标签放置在0:00:00:14的位置,设置"不透明度"为100%,如图8-47所示,记录第2个关键帧。

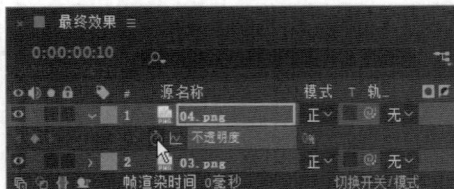
图8-46

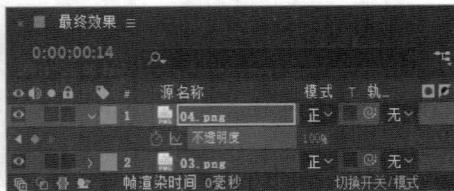
图8-47

户外旅游广告制作完成，"合成"面板中的效果如图8-48所示。

图8-48

任务知识

8.2.1 Keylight（1.2）

"抠像"一词从早期电视制作中得来，意思就是吸取画面中的某种颜色作为透明色，将它从画面中删除，从而使背景透出来，形成两层画面的叠加合成。比如，在室内拍摄的人物经抠像后与各背景层叠加在一起，形成各种奇特的效果，如图8-49所示。

图8-49

Keylight（1.2）是自After Effects CS4起新增的一个抠像插件，通过对不同参数的设置，可以对图像进行精细的抠像处理，相关参数如图8-50所示。

View（视图）： 设置抠像时显示的视图。

Unpremultiply Result（非预乘结果）： 勾选此复选框，表示不显示图像的Alpha通道。

Screen Colour（屏幕颜色）： 设置要抠除的颜色。也可以单击右侧的吸管工具 ，在要抠除的颜色上直接吸取。

Screen Gain（屏幕增益）： 设置抠像后Alpha通道的暗部区域细节。

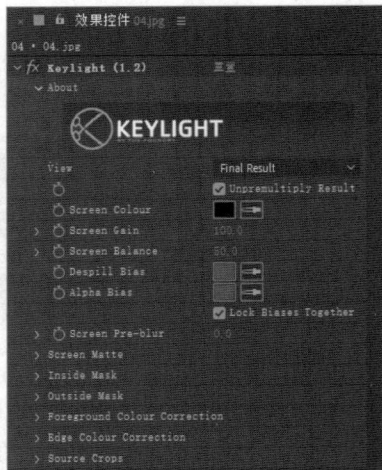
图8-50

Screen Balance（屏幕平衡）： 设置抠除颜色的平衡。

Despill Bias（去除溢色偏移）： 设置抠除区域的颜色恢复程度。

Alpha Bias（偏移）： 设置抠除Alpha通道部分的颜色恢复程度。

Lock Biases Together（锁定所有偏移）： 勾选此复选框，可以在设置抠除时设定偏差值。

Screen Pre-blur（屏幕预模糊）： 设置抠除部分边缘的模糊效果，比较适合有明显噪点的图像。

Screen Matte（屏幕蒙版）： 设置抠除区域影像的属性。

Inside Mask（内部蒙版）： 设置抠像时为图像添加内侧蒙版属性。

Outside Mask（外部蒙版）： 设置抠像时为图像添加外侧蒙版属性。

Foreground Colour Correction（前景颜色校正）： 设置蒙版影像的色彩属性。

Edge Colour Correction（边缘颜色校正）： 设置抠除区域的边缘属性。

Source Crops（源裁剪）： 设置裁剪影像的属性。

8.2.2　CC Simple Wire Removal

CC Simple Wire Removal（CC简单线条移除）效果可以通过两点创建一条指定厚度（宽度）的连线，然后将连线区域内的像素按指定方式进行填充，从而移除画面中不需要的线条（如电线等），如图8-51所示。

图8-51

Point A（点A）： 设置连线的起点。

Point B（点B）： 设置连线的终点。

Removal Style（移除样式）： 设置填充连线区域的方式。"Fade"（渐隐）选项使连线区域逐渐变透明，适用于绿幕抠像；"Frame Offset"（帧偏移）选项通过在其他帧的同一位置引入像素来填充连线区域；"Displace"（位移）选项使用周围像素填充连线区域；"Displace Horizontal"（水平位移）选项与"Displace"选项作用一样，不过只进行水平方向的采样。

Thickness（厚度）： 设置连线的宽度。值越大，连线的厚度越大。

Slope（斜率）： 设置拉伸扭曲连线区域，以控制移除效果的柔和度。

Mirror Blend（镜像混合）： 此参数仅适用于Displace类的移除样式，用于控制镜像混合的程度。

Frame Offset（帧偏移）： 设置从第几帧的同一位置引入像素来填充连线区域。

项目实践　制作皮影戏宣传片

项目要点 使用"颜色范围"命令和"颜色差值键"命令修复图像，使用"缩放"属性缩放图像，使用"位置"属性和"不透明度"属性制作动画效果。最终效果参考学习资源中的"项目8\制作皮影戏宣传片\制作皮影戏宣传片.aep"，如图8-52所示。

图8-52

课后习题　制作吹风机广告

习题要点 使用"缩放"属性制作缩放动画效果，使用"Keylight"命令修复图像，使用"不透明度"属性制作吹风机动画效果。最终效果参考学习资源中的"项目8\制作吹风机广告\制作吹风机广告.aep"，如图8-53所示。

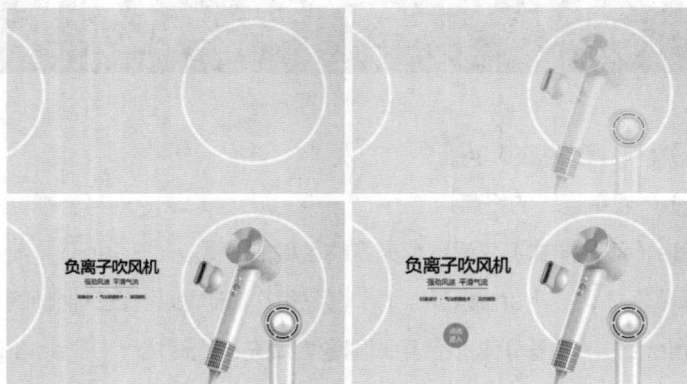

图8-53

项目 9

添加声音效果

本项目旨在帮助读者掌握声音的导入方法和声音效果的应用，包括声音的导入与监听、声音长度的缩放、声音的淡入和淡出，以及声音的倒放、低音和高音、延迟、变调与和声、高通/低通、调制器等效果。通过对本项目的学习，读者可以掌握After Effects 2024中声音效果的制作。

学习目标
- 掌握将声音导入影片的方法
- 掌握声音效果

技能目标
- 掌握"为《元宵》短片添加背景音乐"的方法
- 掌握"为《海棠花》宣传片添加背景音乐"的方法

素养目标
- 培养运用特效提升音频表现力的能力
- 培养不断改进学习方法和自主学习的能力

任务9.1 掌握将声音导入影片的方法

下面介绍把声音导入影片的方法。

任务实践 为《元宵》短片添加背景音乐

任务目标 学习将声音导入影片的方法。

任务要点 使用"导入"命令导入声音、视频文件，使用"音频电平"属性制作背景音乐效果。最终效果参考学习资源中的"项目9\为《元宵》短片添加背景音乐\为《元宵》短片添加背景音乐.aep"，如图9-1所示。

图9-1

任务操作

01 按Ctrl+N快捷键，弹出"合成设置"对话框，在"合成名称"文本框中输入"最终效果"，其他选项的设置如图9-2所示，单击"确定"按钮，创建一个新的合成。

02 选择"文件 > 导入 > 文件"命令，在弹出的"导入文件"对话框中，选择学习资源中的"项目9\为《元宵》短片添加背景音乐\（Footage）\01.mpeg和02.mp3"文件，单击"导入"按钮，将选中的文件导入"项目"面板，如图9-3所示。

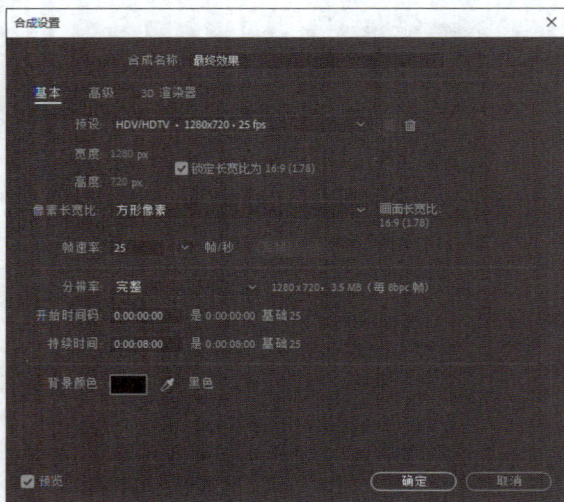

图9-2

图9-3

03 在"项目"面板中选中"01.mpeg"文件，将其拖曳到"时间轴"面板中。保持"01.mpeg"图层的选中状态，选择"图层 > 时间 > 时间伸缩"命令，弹出"时间延长"对话框，设置"拉伸因数"为70%，如图9-4所示，单击"确定"按钮，完成时间伸缩设置，如图9-5所示。

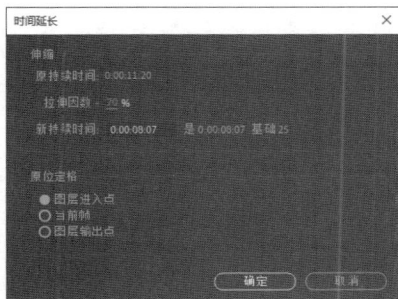

图9-4　　　　　　　　　　　　　　　　　　　　图9-5

04 选择"效果 > 颜色校正 > 色阶"命令，在"效果控件"面板中进行设置，如图9-6所示。"合成"面板中的效果如图9-7所示。

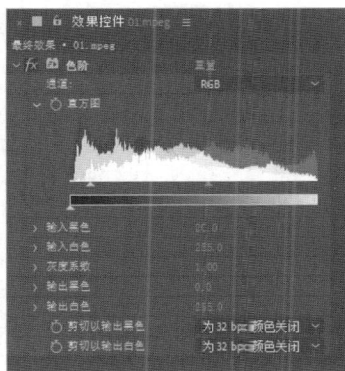
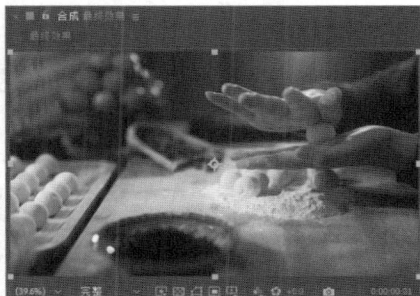

图9-6　　　　　　　　　　　　　　图9-7

05 在"项目"面板中选中"02.mp3"文件，将其拖曳到"时间轴"面板中"01.mpeg"图层的下方。保持"02.mp3"图层的选中状态，选择"图层 > 时间 > 时间伸缩"命令，弹出"时间延长"对话框，设置"拉伸因数"为90%，如图9-8所示，单击"确定"按钮，完成时间伸缩设置，如图9-9所示。

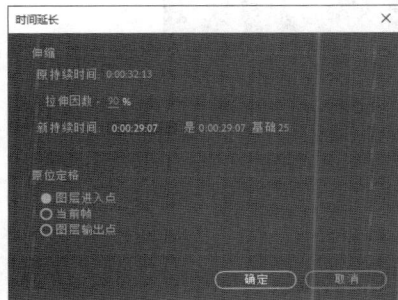

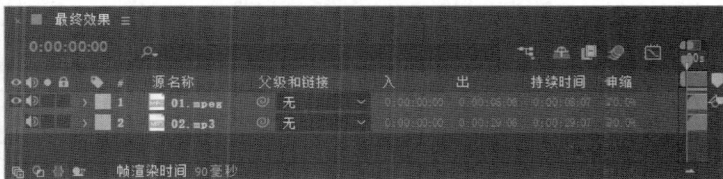

图9-8　　　　　　　　　　　　　　　　　　　　图9-9

06 将时间标签放置在0:00:07:00的位置，选中"02.mp3"图层，展开"音频"属性，单击"音频电平"左侧的"关键帧自动记录器"按钮 ⓞ，记录第1个关键帧，如图9-10所示。

07 将时间标签放置在0:00:07:24的位置，设置"音频电平"为-25.00dB，如图9-11所示，记录第2个关键帧。《元宵》短片的背景音乐已添加完成。

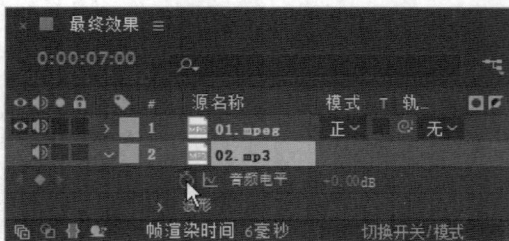 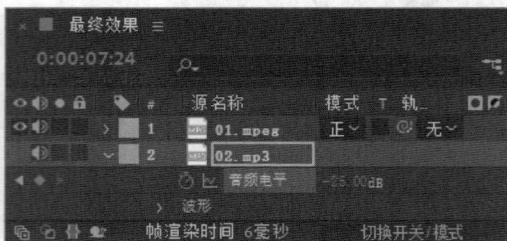

图9-10 　　　　　　　　　　　　　　　　　　　　　　　　图9-11

任务知识

9.1.1 声音的导入与监听

启动After Effects 2024，选择"文件 > 导入 > 文件"命令，在弹出的"导入文件"对话框中，选择学习资源中的"基础素材\项目9\01.mov"文件，单击"导入"按钮导入文件。在"项目"面板中选中该素材，观察到"项目"面板出现声波图形，如图9-12所示。这说明该视频素材携带了声道。从"项目"面板将"01.mov"文件拖曳到"时间轴"面板中。

选择"窗口 > 预览"命令，或按Ctrl+3快捷键，在弹出的"预览"面板中确定 ⓘ 图标为弹起状态，如图9-13所示。在"时间轴"面板中同样确定"01.mov"图层的 ⓘ 图标为弹起状态，如图9-14所示。

"项目"面板
出现声波图形

 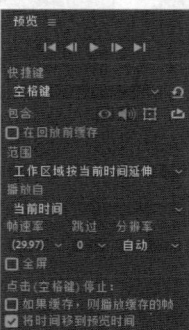 

图9-12 　　　　　　　　　图9-13 　　　　　　　　　图9-14

按0键可监听影片的声音，按住Ctrl键拖曳时间标签，可以实时监听当前时间标签位置的声音。

选择"窗口 > 音频"命令，或按Ctrl+4快捷键，弹出"音频"面板，在该面板中拖曳滑块可以调整声音素材的总音量，也可以分别调整左右声道的音量，如图9-15所示。

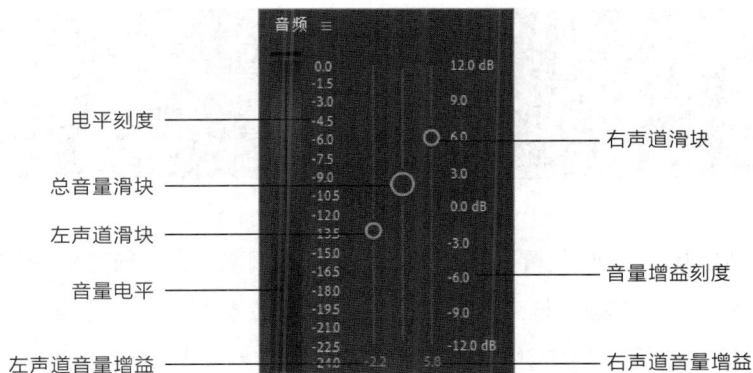

图9-15

在"时间轴"面板中展开"波形"，可以显示声音的波形，调整"音频电平"右侧的参数可以改变音量的大小，如图9-16所示。

图9-16

9.1.2 声音长度的缩放

在"时间轴"面板底部单击■按钮，将控制区域完全显示出来。"持续时间"用来设置声音的播放长度，"伸缩"用来设置播放时长与原始素材时长的比例，如图9-17所示。例如，将"伸缩"设置为200.0%后，声音的实际播放时长是原始素材时长的两倍。但通过这两个参数缩短或延长声音的播放长度后，声音的音调也将升高或降低。

图9-17

9.1.3 声音的淡入和淡出

将时间标签拖曳到起始帧的位置，在"音频电平"左侧单击"关键帧自动记录器"按钮■，添加关键帧，设置"音频电平"为-100.00dB；拖曳时间标签到0:00:00:20的位置，设置"音频电平"为+0.00dB，可以看到时间轴上出现了两个关键帧，如图9-18所示。此时按住Ctrl键拖曳时间标签，可以听到声音由小变大的淡入效果。

图9-18

拖曳时间标签到0:00:05:00的位置，单击"音频电平"左侧的"在当前时间添加或移除关键帧"按钮**◆**，在当前时间添加一个关键帧。拖曳时间标签到结束帧的位置，设置"音频电平"为-100.00dB。"时间轴"面板如图9-19所示。按住Ctrl键拖曳时间标签，可以听到声音的淡出效果。

图9-19

任务9.2 掌握声音效果

为声音添加效果就像为视频添加效果一样，只需选择相应的效果命令并完成需要的设置。

任务实践 为《海棠花》宣传片添加背景音乐

任务目标 学习使用声音效果。

任务要点 使用"高通/低通"命令过滤噪声，使用"低音和高音"命令调整高低音效果。最终效果参考学习资源中的"项目9\为《海棠花》宣传片添加背景音乐\为《海棠花》宣传片添加背景音乐.aep"，如图9-20所示。

图9-20

任务操作

01 按Ctrl+N快捷键，弹出"合成设置"对话框，在"合成名称"文本框中输入"最终效果"，其他选项的设置如图9-21所示，单击"确定"按钮，创建一个新的合成。

02 选择"文件 > 导入 > 文件"命令，在弹出的"导入文件"对话框中，选择学习资源中的"项目9\为《海棠花》宣传片添加背景音乐\（Footage）\01.mp4、02.mp3和03.png"文件，单击"导入"按钮，将选中的文件导入"项目"面板，如图9-22所示。

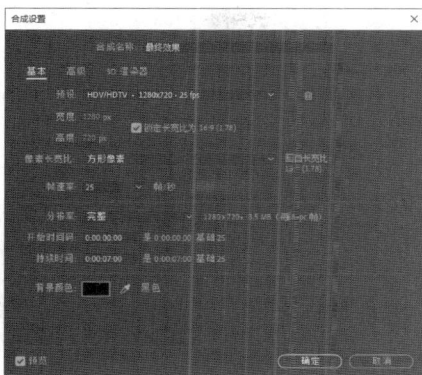

图9-21

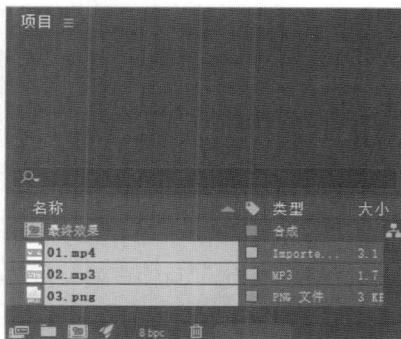

图9-22

03 在"项目"面板中保持文件的选中状态，将它们拖曳到"时间轴"面板中，图层的排列顺序如图9-23所示。"合成"面板中的效果如图9-24所示。

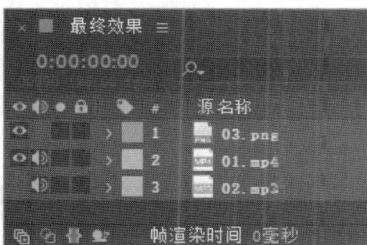

图9-23

图9-24

04 选中"02.mp3"图层，选择"效果 > 音频 > 高通/低通"命令，在"效果控件"面板中进行参数设置，如图9-25所示。选择"效果 > 音频 > 低音和高音"命令，在"效果控件"面板中进行参数设置，如图9-26所示。

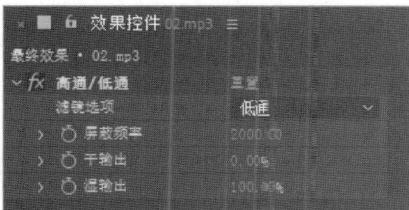

图9-25

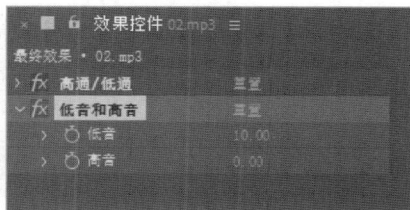

图9-26

05 选中"03.png"图层，按P键，展开"位置"属性，设置"位置"为154.0,668.0，如图9-27所示。"合成"面板中的效果如图9-28所示。《海棠花》宣传片的背景音乐已添加完成。

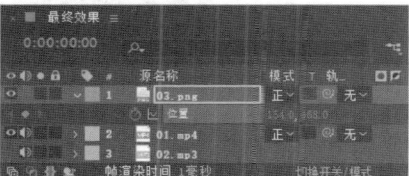

图9-27

图9-28

任务知识

9.2.1 倒放

选择"效果 > 音频 > 倒放"命令，即可将该效果添加到"效果控件"面板中，如图9-29所示。这个效果可以倒放音频素材，即从最后一帧向第一帧播放。勾选"互换声道"复选框，可以交换左、右声道中的音频。

图9-29

9.2.2 低音和高音

选择"效果 > 音频 > 低音和高音"命令，即可将该效果添加到"效果控件"面板中，如图9-30所示。拖曳"低音"和"高音"滑块可以增大或减小音频中低音和高音的音量。

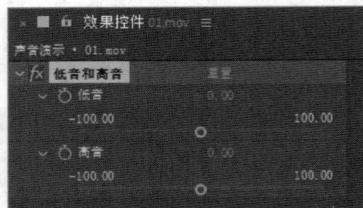

图9-30

9.2.3 延迟

选择"效果 > 音频 > 延迟"命令，即可将该效果添加到"效果控件"面板中，如图9-31所示。它可将声音素材进行多层延迟来模仿回声效果，如制造墙壁的回声或空旷的山谷中的回音。"延迟时间（毫秒）"参数用于设定原始声音与其回音的时间间隔，单位为毫秒；"延迟量"参数用于设置延迟音频的音量；"反馈"参数用于设置由回音产生的后续回音的音量；"干输出"参数用于设置声音素材的电平；"湿输出"参数用于设置最终输出声波的电平。

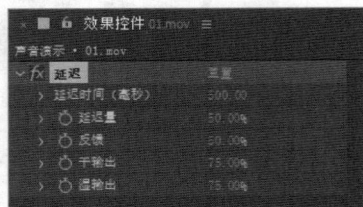

图9-31

9.2.4 变调与合声

选择"效果 > 音频 > 变调与合声"命令，即可将该效果添加到"效果控件"面板中，如图9-32所示。变调效果产生的原理是将声音素材的一个副本稍微延迟后与原声音混合，使某些频率的声波叠加或相减，这在声音物理学中被称作"梳状滤波"，它会产生一种"干瘪"的声音效果，该效果在电吉他独奏中经常被应用。当混入多个延迟的声音副本后会产生类似乐器合声的效果。

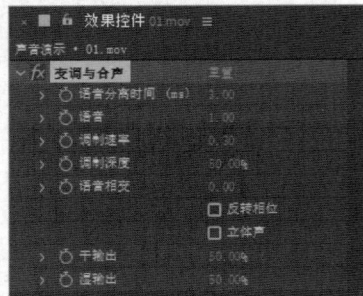

图9-32

"语音分离时间（ms）"参数用于设置延迟的声音副本的数量，增大此值将使卷边效果减弱而使合声效果增强。"语音"参数用于设置声音副本的混合深度。"调制速率"参数用于设置声音副本相位的变化程度。"干输出""湿输出"参数用于设置未处理音频与处理后的音频的混合程度。

9.2.5　高通/低通

选择"效果 > 音频 > 高通/低通"命令，即可将该效果添加到
"效果控件"面板中，如图9-33所示。该声音效果只允许设定的频
率通过，通常用于过滤低频率或高频率的噪声，如电流声、咝咝声
等。在"滤镜选项"下拉列表中可以选择"高通"方式或"低通"
方式。"屏蔽频率"参数用于设置滤波器的分界频率，当选择"高

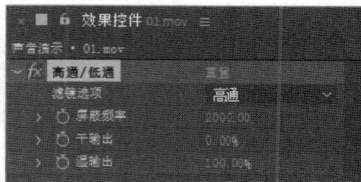

图9-33

通"方式滤波时，低于该频率的声音被过滤；当选择"低通"方式滤波时，高于该频率的声音被过滤。
"干输出"参数用于设置声音素材的电平，"湿输出"参数用于设置最终输出声波的电平。

9.2.6　调制器

选择"效果 > 音频 > 调制器"命令，即可将该效果添加到"效果
控件"面板中，如图9-34所示。该声音效果可以为声音素材加入颤音
效果。"调制类型"用于设定颤音的波形，"调制速率"参数以Hz为
单位设定颤音调制的频率，"调制深度"参数以调制频率的百分比为单
位设定颤音频率的变化范围，"振幅变调"参数用于设定颤音的强弱。

图9-34

项目实践　为《江南小镇》影片添加声音效果

项目要点　使用"色阶"命令和"色相/饱和度"
命令调整视频画面的亮度与饱和度，使用"高通/
低通"命令和"参数均衡"命令调整声音文件效
果，使用"音频电平"属性制作背景音乐效果。最
终效果参考学习资源中的"项目9\为《江南小镇》
影片添加声音效果\为《江南小镇》影片添加声音
效果.aep"，如图9-35所示。

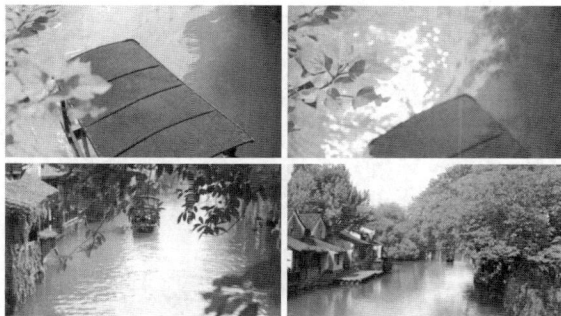

图9-35

课后习题　为《刺绣》短片添加背景音乐

习题要点　使用"导入"命令导入声音、视频文
件，使用"高通/低通"命令、"混响"命令制作
背景音乐效果。最终效果参考学习资源中的"项目
9\为《刺绣》短片添加背景音乐\为《刺绣》短片
添加背景音乐.aep"，如图9-36所示。

图9-36

项目 10

制作三维合成特效

After Effects 2024不仅可以在二维平面上创建合成效果，其在三维空间中的合成与动画功能也越来越强大。在具备深度的三维空间中，用户可以丰富图层的运动样式，创建更加逼真的灯光、投影、材质和摄像机运动等效果。通过对本项目的学习，读者可以掌握制作三维合成特效的方法和技巧。

学习目标

● 掌握三维合成
● 掌握灯光和摄像机的应用

技能目标

● 掌握"元宵广告"的制作方法
● 掌握"偏旁部首穿梭动画"的制作方法

素养目标

● 培养熟练运用所学知识实现复杂和逼真的三维合成特效的能力
● 培养准确把控和处理各种细节的能力
● 培养自主学习和实践的能力

任务10.1　掌握三维合成

在After Effects 2024中，将图层指定为三维图层时，会添加一个z轴控制该图层的深度。增大z坐标，该图层将在空间中移动到更远处；减小z坐标，该图层将在空间中移动到更近处。

任务实践　制作元宵广告

任务目标　学习使用三维合成制作元宵广告。

任务要点　使用"导入"命令导入声音、视频文件，使用"缩放-3D翻滚"预设制作背景动画效果，使用"Y轴旋转"属性和"缩放"属性制作文字动画效果。最终效果参考学习资源中的"项目10\制作元宵广告\制作元宵广告.aep"，如图10-1所示。

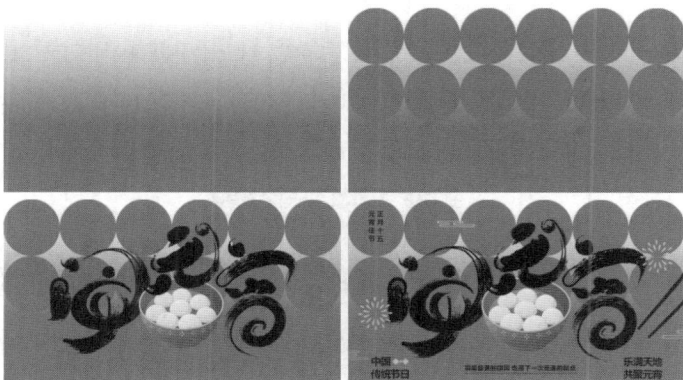

图10-1

任务操作

01 按Ctrl+N快捷键，弹出"合成设置"对话框，在"合成名称"文本框中输入"最终效果"，其他选项的设置如图10-2所示，单击"确定"按钮，创建一个新的合成。

02 选择"文件 > 导入 > 文件"命令，在弹出的"导入文件"对话框中，选择学习资源中的"项目10\制作元宵广告\（Footage）\01.jpg、02.png ~ 04.png"文件，单击"导入"按钮，将选中的文件导入"项目"面板，如图10-3所示。

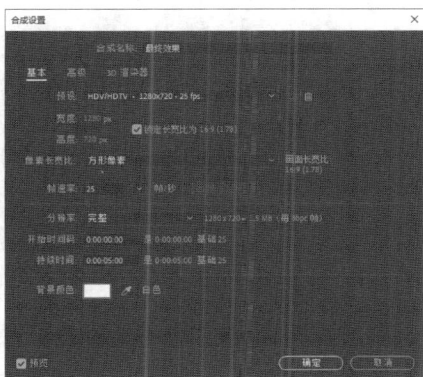

图10-2

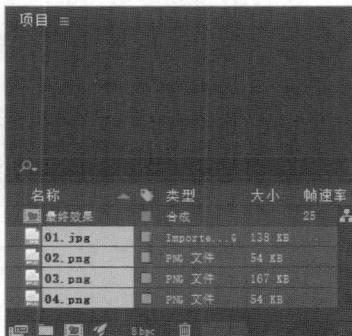

图10-3

03 在"项目"面板中选中"01.jpg"文件和"02.png"文件，将它们拖曳到"时间轴"面板中，图层的排列顺序如图10-4所示。"合成"面板中的效果如图10-5所示。

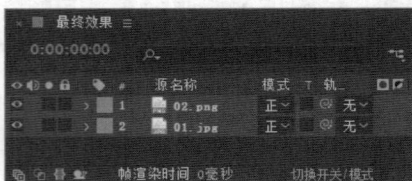

图10-4

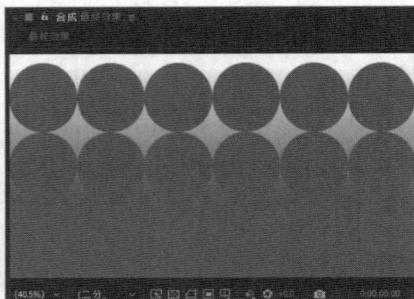

图10-5

04 选择"窗口 > 效果和预设"命令，打开"效果和预设"面板，单击"动画预设"文件夹左侧的小箭头按钮▶将其展开，双击"Transitions-Movement > 缩放-3D翻滚"，如图10-6所示，应用效果。"合成"面板中的效果如图10-7所示。

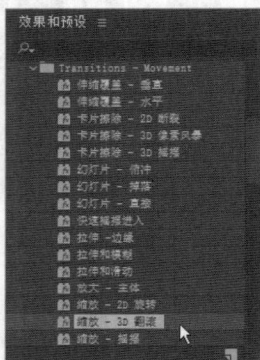

图10-6

图10-7

05 在"项目"面板中选中"03.png"文件，将其拖曳到"时间轴"面板中，如图10-8所示。"合成"面板中的效果如图10-9所示。

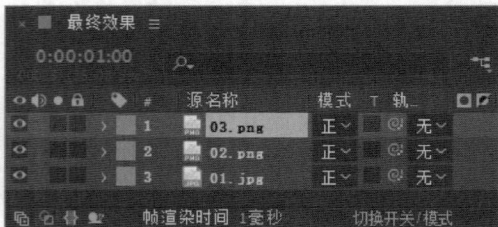

图10-8

图10-9

06 单击"03.png"图层右侧的"3D图层"按钮🎲，打开三维属性并设置参数。保持时间标签在0:00:01:00的位置，设置"缩放"为0.0,0.0,0.0%，单击"缩放"左侧的"关键帧自动记录器"按钮🕐，记录第1个关键帧，如图10-10所示。将时间标签放置在0:00:01:15的位置，设置"缩放"为100.0,100.0,100.0%，如图10-11所示，记录第2个关键帧。

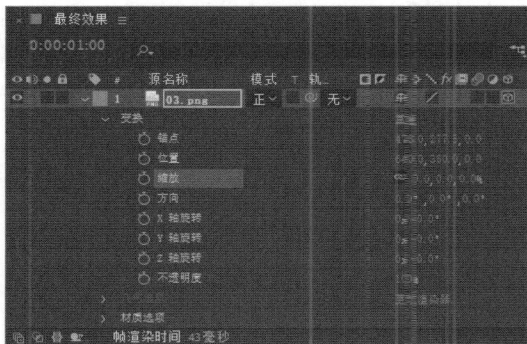

图10-10

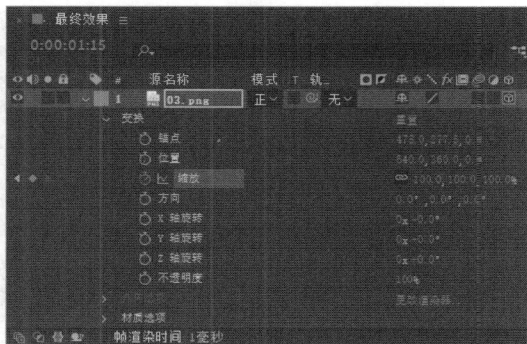

图10-11

07 将时间标签放置在0:00:03:05的位置，单击"缩放"左侧的"在当前时间添加或移除关键帧"按钮 ▣，如图10-12所示，记录第3个关键帧。将时间标签放置在0:00:04:24的位置，设置"缩放"为105.0,105.0,105.0%，如图10-13所示，记录第4个关键帧。

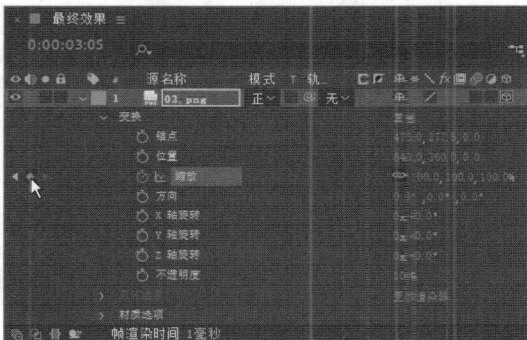

图10-12

图10-13

08 单击"缩放"属性，将该属性的关键帧全部选中，按F9键，将选中的关键帧转为缓动关键帧，如图10-14所示。

图10-14

09 在"时间轴"面板中单击"图表编辑器"按钮 ▣，进入图表编辑器。在第2个控制点上拖曳控制手柄，如图10-15所示。再次单击"图表编辑器"按钮，退出图表编辑器。

图10-15

10 将时间标签放置在0:00:01:15的位置，单击"Y轴旋转"左侧的"关键帧自动记录器"按钮
图，如图10-16所示，记录第1个关键帧。将时间标签放置在0:00:03:05的位置，设置"Y轴旋转"为
1x+0.0°，如图10-17所示，记录第2个关键帧。

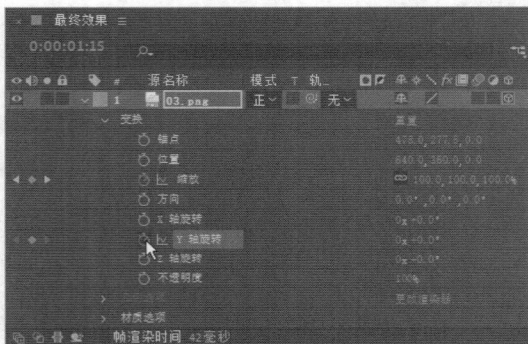

图10-16

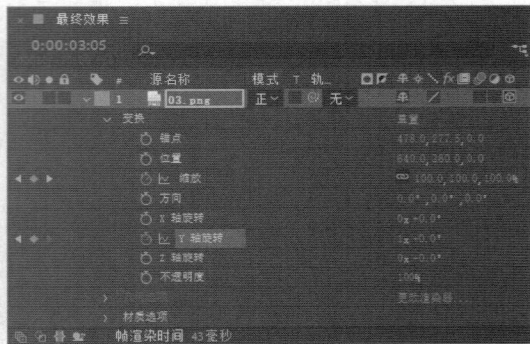

图10-17

11 单击"Y轴旋转"属性，将该属性的关键帧全部选中，按F9键，将选中的关键帧转为缓动关键帧。在
"时间轴"面板中单击"图表编辑器"按钮图，进入图表编辑器。拖曳右侧控制点上的控制手柄，如图
10-18所示。再次单击"图表编辑器"按钮，退出图表编辑器。

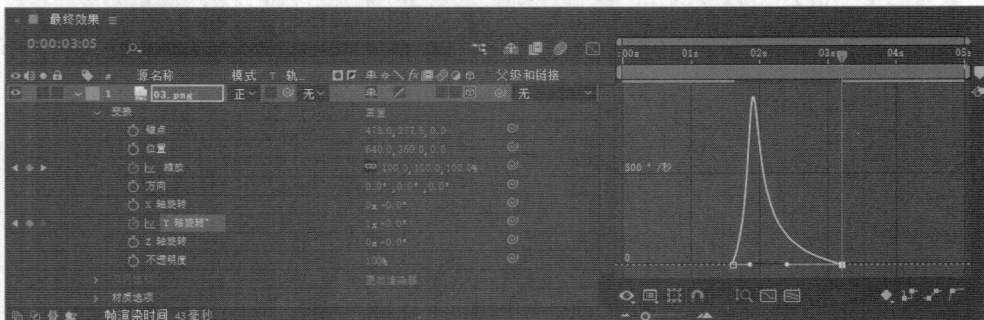

图10-18

12 在"项目"面板中选中"04.png"文件，将其拖曳到"时间轴"面板中。按P键，展开"位置"属
性，设置"位置"为734.0,373.0，如图10-19所示。"合成"面板中的效果如图10-20所示。

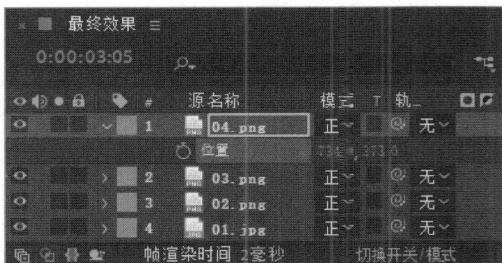
图10-19

图10-20

13 将时间标签放置在0:00:01:15的位置，按 [键，设置动画的入点，如图10-21所示。元宵广告制作完成。

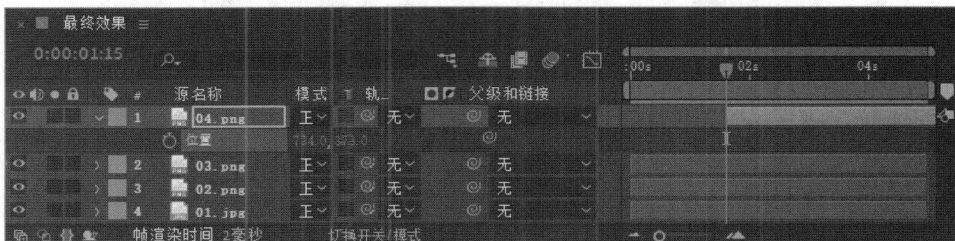
图10-21

任务知识

10.1.1 转换成三维图层

除声音图层以外，其他所有图层都可以转换成三维图层。将一个普通的二维图层转换成三维图层的操作非常简单，只需激活该图层对应的"3D图层"按钮 即可。此时展开图层的属性就会发现"变换"属性中无论是"锚点"属性、"位置"属性、"缩放"属性、"方向"属性还是"旋转"属性，都出现了z轴向参数信息，另外还新增"材质选项"属性，如图10-22所示。

设置"Y轴旋转"为0x+45.0°，"合成"面板中的效果如图10-23所示。

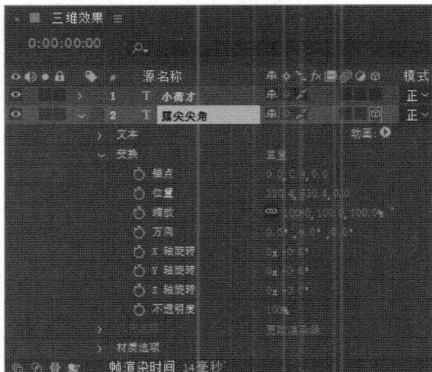
图10-22

图10-23

　　如果要将三维图层重新变回二维图层，只需单击该图层对应的"3D图层"按钮🔲，关闭三维属性，此时三维图层当中的z轴向参数和"材质选项"信息将丢失。

> **提示** 虽然很多效果可以模拟三维空间效果（如"效果 > 扭曲 > 凸出"效果），但是这些效果实际上都是二维效果，也就是说，即使这些效果当前作用于三维图层，它们仍然只是模拟三维空间效果而不会对三维图层中的轴产生任何影响。

10.1.2 变换三维图层的"位置"属性

　　对三维图层来说，"位置"属性由x、y、z这3个维度的参数控制，如图10-24所示。

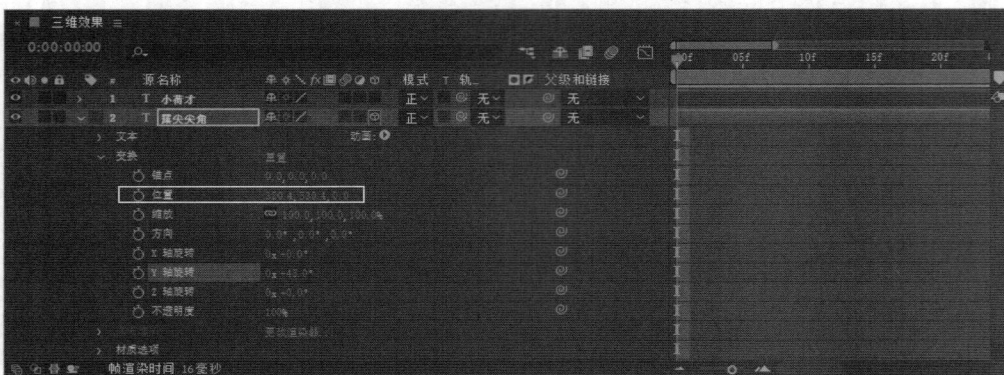

图10-24

01 打开After Effects 2024，选择"文件 > 打开项目"命令，选择学习资源中的"基础素材\项目10\三维图层.aep"文件，单击"打开"按钮打开此文件。

02 在"时间轴"面板中，选择某个三维图层、摄像机图层或者灯光图层，被选择图层的坐标系将会显示出来，其中红色坐标轴代表x轴，绿色坐标轴代表y轴，蓝色坐标轴代表z轴。

03 在"工具"面板中，选择选取工具▶，在"合成"面板中，将鼠标指针停留在各个坐标轴上，观察鼠标指针的变化，当鼠标指针变成▶ₓ形状时，代表移动锁定在x轴上；当鼠标指针变成▶ᵧ形状时，代表移动锁定在y轴上；当鼠标指针变成▶₂形状时，代表移动锁定在z轴上。

> **提示** 鼠标指针如果没有呈现任何坐标轴信息，则可以在空间中全方位地移动三维对象。

10.1.3 变换三维图层的"旋转"属性

1. 使用"方向"选项旋转

01 选择"文件 > 打开项目"命令，选择学习资源中的"基础素材\项目10\三维图层.aep"文件，单击"打开"按钮打开此文件。

02 在"时间轴"面板中，选择某个三维图层、摄像机图层或者灯光图层。

03 在"工具"面板中，选择旋转工具![icon]，在坐标系下拉列表中选择"方向"选项，如图10-25所示。

图10-25

04 在"合成"面板中，将鼠标指针放置在某个坐标轴上，当鼠标指针上出现"X"时，可绕x轴旋转；当鼠标指针上出现"Y"时，可绕y轴旋转；当鼠标指针上出现"Z"时，可绕z轴旋转；没有出现任何信息时，可以全方位旋转三维对象。

05 在"时间轴"面板中，展开当前三维图层的"变换"属性，观察3组旋转属性值的变化，如图10-26所示。

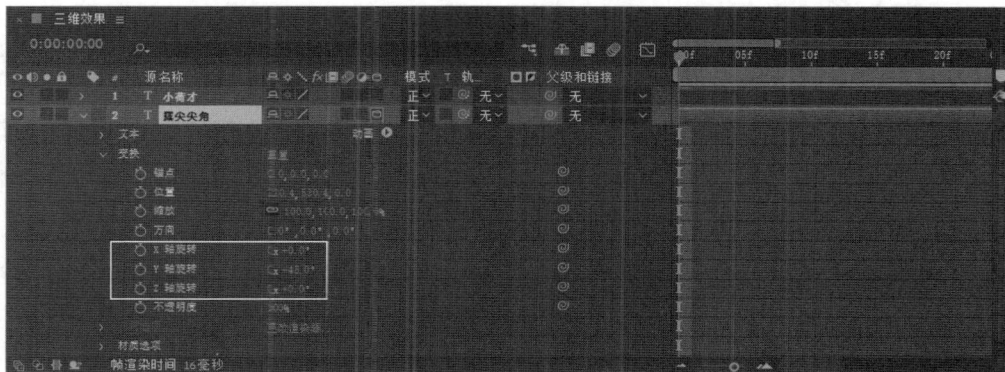

图10-26

2. 使用"旋转"选项旋转

01 使用上面的素材，选择"编辑 > 撤销"命令，还原到项目文件的上次存储状态。

02 在"工具"面板中，选择旋转工具![icon]，在坐标系下拉列表中选择"旋转"选项，如图10-27所示。

图10-27

03 在"合成"面板中，将鼠标指针放置在某个坐标轴上，当鼠标指针上出现"X"时，可绕x轴旋转；当鼠标指针上出现"Y"时，可绕y轴旋转；当鼠标指针上出现"Z"时，可绕z轴旋转；没有出现任何信息时，可以全方位旋转三维对象。

04 在"时间轴"面板中，展开当前三维图层的"变换"属性，观察3组旋转属性值的变化，如图10-28所示。

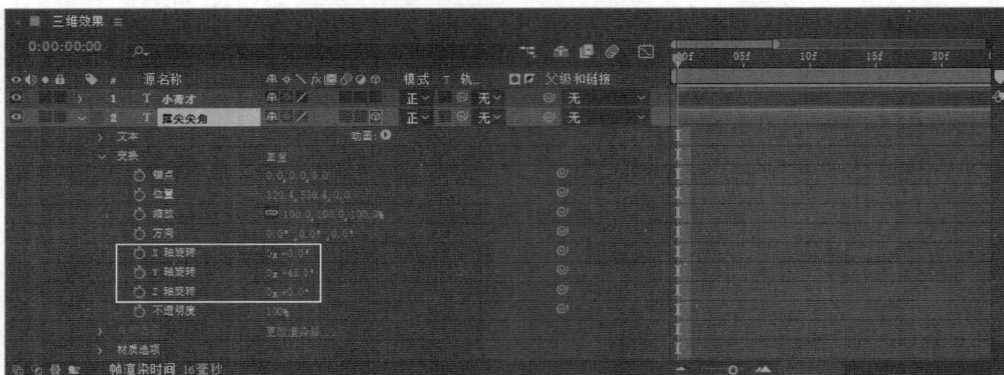

图10-28

10.1.4 三维视图

在制作视频的过程中，有时场景过于复杂，会导致用户产生视觉上的错觉，使其无法仅通过对透视视图的观察正确判断当前三维对象的具体空间状态，因此需要借助更多的视图进行参照，如正面视图、左侧视图、顶部视图、活动摄像机视图等，从而获知准确的空间位置信息，如图10-29~图10-32所示。

图10-29

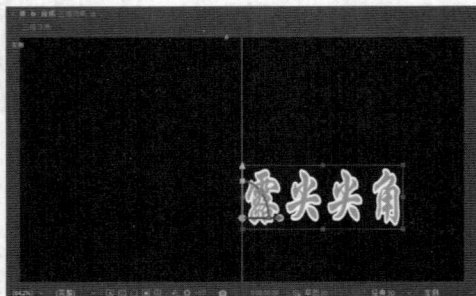

图10-30

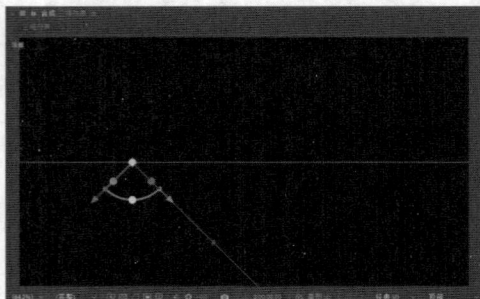

图10-31

图10-32

在"合成"面板中，展开 活动摄像机 （3D视图）下拉列表，可在各个视图模式之间进行切换，这些视图模式大致分为3类：正交视图、摄像机视图和自定义视图。

1. 正交视图

正交视图包括正面、左侧、顶部、背面、右侧和底部的视图，即以垂直、正交的方式观看空间中的

6个面。在正交视图中，物体长度、尺寸和距离以原始数据的方式呈现，忽略透视所导致的大小变化，也就意味着在正交视图中观看立体物体时没有透视感，如图10-33所示。

2. 摄像机视图

摄像机视图从摄像机的角度，通过镜头去观看物体。与正交视图不同的是，摄像机视图描绘出的空间和物体是带有透视变化的视觉空间，能够非常真实地再现近大远小、近长远短的透视关系，如图10-34所示。

图10-33

图10-34

3. 自定义视图

自定义视图从几个默认的角度观看当前空间，可通过"工具"面板中的旋转工具调整角度。同摄像机视图一样，自定义视图也遵循透视的观律来呈现当前空间，不过自定义视图并不要求合成项目中必须有摄像机，当然也不具备通过镜头设置带来的景深、广角、长焦之类的观看空间的方式，可以理解为3个可自定义的标准透视视图。

活动摄像机 （3D视图）下拉列表中的具体选项如图10-35所示。

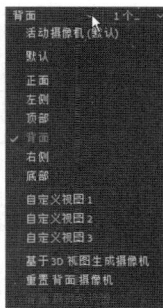

图10-35

活动摄像机（默认）： 当前激活的摄像机视图，也就是当前时间位置被打开的摄像机图层的视图。

正面： 正视图，从正前方观看合成空间，不带透视效果。

左侧： 左视图，从正左方观看合成空间，不带透视效果。

顶部： 顶视图，从正上方观看合成空间，不带透视效果。

背面： 背视图，从正后方观看合成空间，不带透视效果。

右侧： 右视图，从正右方观看合成空间，不带透视效果。

底部： 底视图，从正下方观看合成空间，不带透视效果。

自定义视图1~3： 3个自定义视图，从3个默认的角度观看合成空间，含有透视效果，可以通过"工具"面板中的旋转工具移动视角。

10.1.5 多视图方式观测三维空间

在进行三维合成创作时，虽然可以通过3D视图下拉列表方便地切换各个不同视图，但这仍然不利于各个视图的参照对比，而且频繁地切换视图会导致创作效率低下。After Effects 2024提供了多视图方式，让用户可以同时多角度观看三维空间，方法为在"合成"面板中的"选择视图布局"下拉列表中进行选择。

1个视图： 仅显示一个视图，如图10-36所示。

2个视图： 同时显示两个视图，左右排列，如图10-37所示。

图10-36

图10-37

4个视图： 同时显示4个视图，如图10-38所示。

其中每个分视图在被激活后，都可以用3D视图下拉列表来选择具体的观测角度，或者进行视图的显示设置等。

另外，通过选中"共享视图选项"，可以让多视图共享同样的视图设置，如"安全框显示""网格显示""通道显示"等。

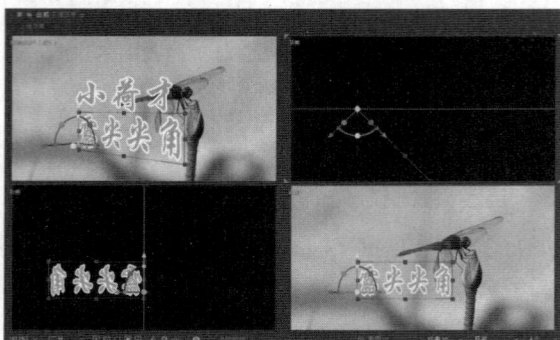

图10-38

> **提示** 滚动鼠标滚轮，可以在不激活视图的情况下，对鼠标指针所在的视图进行缩放操作。

10.1.6 坐标系

在控制三维对象时，会依据某种坐标系进行轴向定位，After Effects 2024提供了3种坐标系：当前坐标系、世界坐标系和视图坐标系。坐标系的切换是通过"工具"面板里的▲按钮、▲按钮和▢按钮实现的。

1. 本地坐标系▲

此坐标系采用被选择物体本身的坐标轴向作为变换的依据，这在物体的方位与世界坐标不同时很有帮助，如图10-39所示。

2. 世界坐标系▲

世界坐标系使用合成空间中的绝对坐标系进行定位，坐标系轴向不会随着物体的旋转而改变。无论在哪个视图，x轴始终往水平方向延伸，y轴始终往垂直方向延伸，z轴始终往纵深方向延伸，如图10-40所示。

3. 视图坐标系

视图坐标系与当前视图有关，也可以称为屏幕坐标系，对于正交视图和自定义视图，x轴和y轴始终平行于视图，z轴向始终垂直于视图；对于摄像机视图，x轴和y轴仍然始终平行于视图，但z轴则有一定的变动，如图10-41所示。

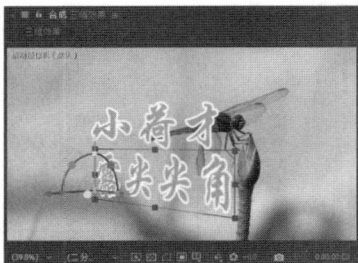
图10-39

图10-40

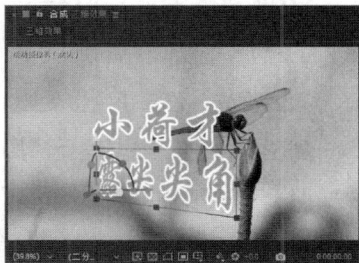
图10-41

10.1.7　三维图层的"材质选项"属性

当普通的二维图层转化为三维图层时，增加了一个全新的属性"材质选项"，可以通过对此属性进行各项设置，决定三维图层如何响应灯光系统，如图10-42所示。

图10-42

选中某个三维素材图层，连续两次按A键，展开"材质选项"属性。

投影： 设置是否投射阴影，包括"开""关""仅"3种模式，效果分别如图10-43、图10-44和图10-45所示。

图10-43

图10-44

图10-45

透光率： 设置透光程度。可以体现半透明物体在灯光下的效果，主要体现在阴影上，如图10-46和图10-47所示。

接受阴影： 设置是否接受阴影，此属性不能制作关键帧动画。

接受灯光： 设置是否接受光照，此属性不能制作关键帧动画。

周围： 调整三维图层受"周围"类型的灯光影响的程度。可以从"灯光类型"下拉列表中设置"周围"类型的灯光，如图10-48所示。

漫射： 调整三维图层的漫反射程度。如果设置为100%，将反射大量的光；如果设置为0%，则不反射光。

镜面强度： 调整三维图层镜面反射的程度。

镜面反光度： 设置"镜面强度"区域，值越小，"镜面强度"区域就越小。在"镜面强度"为0的情况下，此设置将不起作用。

金属质感： 调节由"镜面强度"反射的光的颜色。值越接近100%，就会越接近图层的颜色；值越接近0%，就越接近灯光的颜色。

"透光率"为0%
图10-46

"透光率"为70%
图10-47

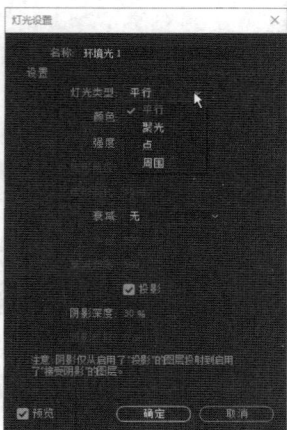

图10-48

任务10.2 掌握灯光和摄像机的应用

After Effects 2024中三维图层有了材质属性，但要得到满意的合成效果，还必须在场景中创建和设置灯光，图层的投影、环境和反射等特性都要在一定的灯光下才能发挥作用。

在三维空间的合成中，除灯光和图层材质赋予的许多效果外，摄像机功能也相当重要，因为不同视角所得到的光影效果是不同的，而且摄像机在动画的控制方面增强了灵活性和多样性，可以丰富图像合成的视觉效果。

任务实践 制作偏旁部首穿梭动画

任务目标 通过调整摄像机制作偏旁部首穿梭动画。

任务要点 使用"导入"命令导入素材文件，使用"合成设置"命令修改合成选项，使用"3D图层"按钮、"消隐-在时间轴中隐藏图层"按钮和"隐藏为其设置了'消隐'开关的所有图层"按钮制作和隐藏消隐图层，使用"摄像机"命令添加摄像机图层，利用"位置"属性改变摄像机图层的位置动画。最终效果参考学习资源中的"项目10\制作偏旁部首穿梭动画\制作偏旁部首穿梭动画.aep"，如图10-49所示。

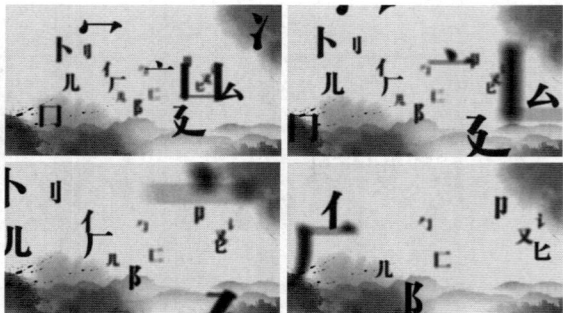

图10-49

任务操作

01 选择"文件 > 导入 > 文件"命令，弹出"导入文件"对话框，选择学习资源中的"项目10\制作偏旁部首穿梭动画\（Footage）\01.psd"文件，单击"导入"按钮，在弹出的"01.psd"对话框中进行设置，如图10-50所示，单击"确定"按钮，导入素材并生成"01"合成，如图10-51所示。

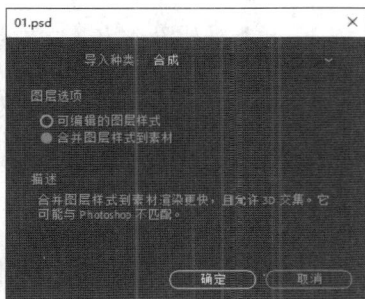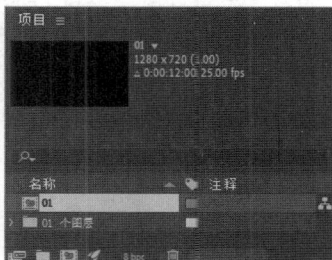

图10-50   图10-51

02 在"项目"面板中双击"01"合成，进入"01"合成的编辑窗口。选择"合成 > 合成设置"命令，弹出"合成设置"对话框，在"合成名称"文本框中输入"最终效果"，将"背景颜色"设置为白色，其他选项的设置如图10-52所示，单击"确定"按钮，完成合成的修改。"合成"面板中的效果如图10-53所示。

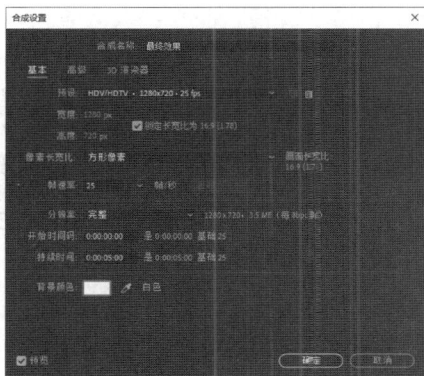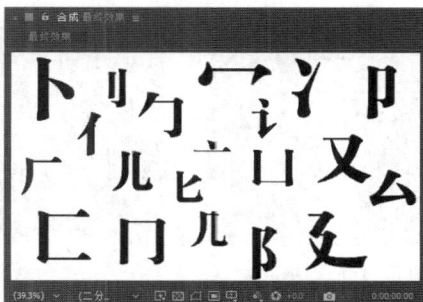

图10-52   图10-53

03 在"时间轴"面板中，按Ctrl+A快捷键，将所有图层选中，如图10-54所示。单击任意图层右侧的"3D图层"按钮▣，将选中的图层转为三维图层，如图10-55所示。单击任意图层右侧的"消隐-在时间轴中隐藏图层"按钮▣，将选中的图层转为消隐图层，如图10-56所示。

04 选中图层20，按P键，展开"位置"属性，设置"位置"为993.0,360.0,467.0，如图10-57所示。选中图层19，按P键，展开"位置"属性，设置"位置"为1294.0,360.0,2735.0，如图10-58所示。选中图层18，按P键，展开"位置"属性，设置"位置"为484.0,360.0,732.0，如图10-59所示。

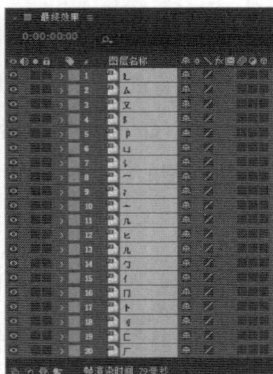

图10-54   图10-55   图10-56

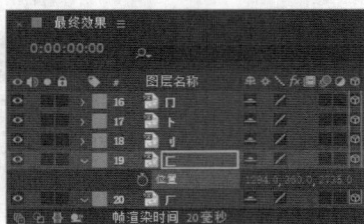
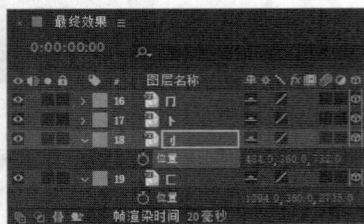

图10-57   图10-58   图10-59

05 选中图层17，按P键，展开"位置"属性，设置"位置"为524.0,360.0,580.0，如图10-60所示。选中图层16，按P键，展开"位置"属性，设置"位置"为268.0,360.0,228.0，如图10-61所示。选中图层15，按P键，展开"位置"属性，设置"位置"为704.0,360.0,912.0，如图10-62所示。

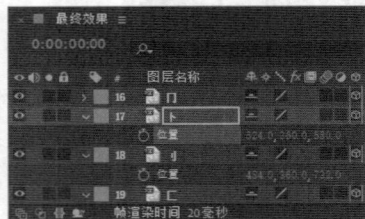

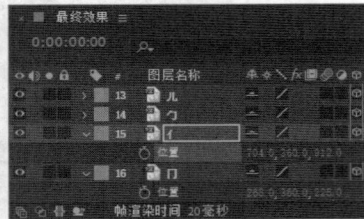

图10-60   图10-61   图10-62

06 选中图层14，按P键，展开"位置"属性，设置"位置"为812.0,360.0,2876.0，如图10-63所示。选中图层13，按P键，展开"位置"属性，设置"位置"为400.0,360.0,352.0，如图10-64所示。选中图层12，按P键，展开"位置"属性，设置"位置"为1324.0,360.0,1340.0，如图10-65所示。

07 选中图层11，按P键，展开"位置"属性，设置"位置"为400.0,360.0,1676.0，如图10-66所示。选中图层10，按P键，展开"位置"属性，设置"位置"为716.0,360.0,-424.0，如图10-67所示。选中图层9，按P键，展开"位置"属性，设置"位置"为932.0,360.0,-180.0，如图10-68所示。

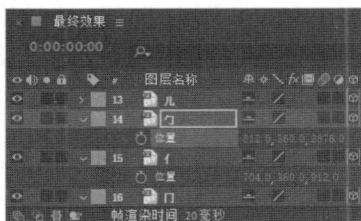
图10-63

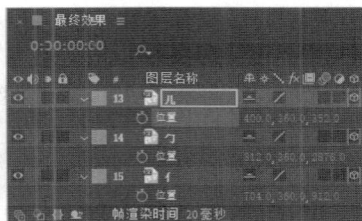
图10-64

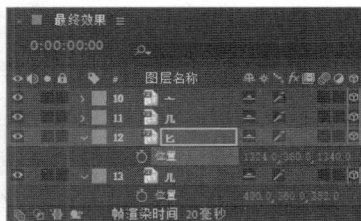
图10-65

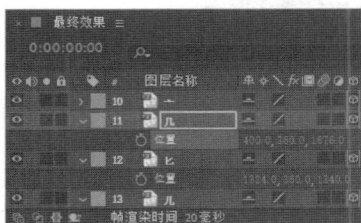
图10-66

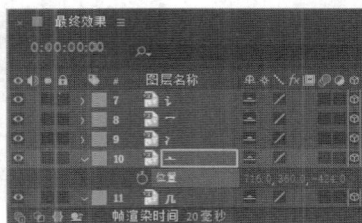
图10-67

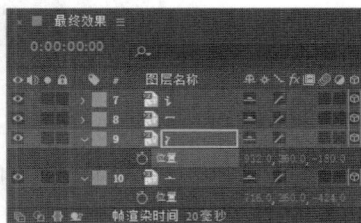
图10-68

08 选中图层8，按P键，展开"位置"属性，设置"位置"为352.0,360.0,-72.0，如图10-69所示。选中图层7，按P键，展开"位置"属性，设置"位置"为1460.0,360.0,2236.0，如图10-70所示。选中图层6，按P键，展开"位置"属性，设置"位置"为632.0,360.0,-724.0，如图10-71所示。

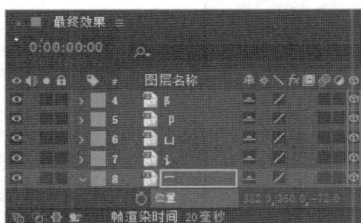
图10-69

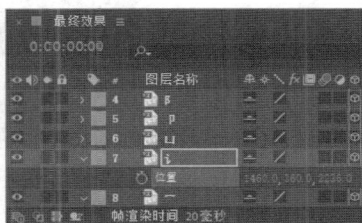
图10-70

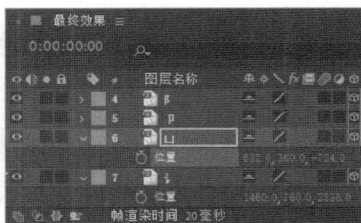
图10-71

09 选中图层5，按P键，展开"位置"属性，设置"位置"为692.0,360.0,1980.0，如图10-72所示。选中图层4，按P键，展开"位置"属性，设置"位置"为440.0,360.0,1120.0，如图10-73所示。选中图层3，按P键，展开"位置"属性，设置"位置"为1184.0,360.0,2520.0，如图10-74所示。

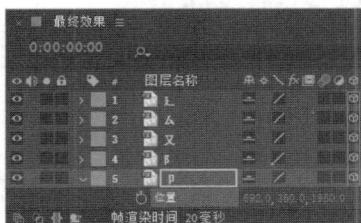
图10-72

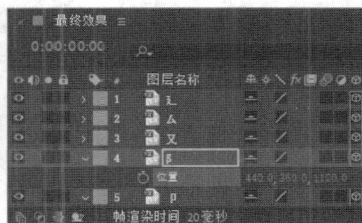
图10-73

图10-74

10 选中图层2，按P键，展开"位置"属性，设置"位置"为620.0,360.0,116.0，如图10-75所示。选中图层1，按P键，展开"位置"属性，设置"位置"为520.0,360.0,4.0，如图10-76所示。

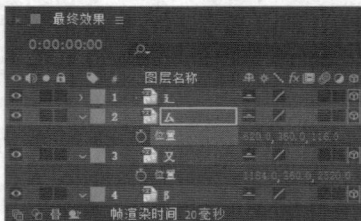
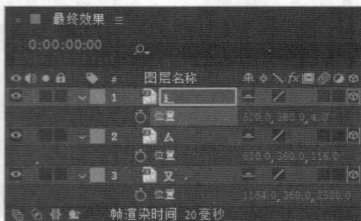

图10-75 　　　　　　　　　　　图10-76

11 在"时间轴"面板中，按Ctrl+A快捷键，将所有图层选中。"合成"面板中的效果如图10-77所示。单击"时间轴"面板中的"隐藏为其设置了'消隐'开关的所有图层"按钮，将消隐图层隐藏，如图10-78所示。

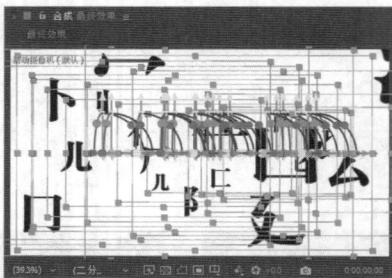

图10-77 　　　　　　　　　　　图10-78

12 选择"图层 > 新建 > 摄像机"命令，弹出"摄像机设置"对话框，在"名称"文本框中输入"摄像机1"，其他选项的设置如图10-79所示，单击"确定"按钮，在"时间轴"面板中新增一个摄像机图层，如图10-80所示。

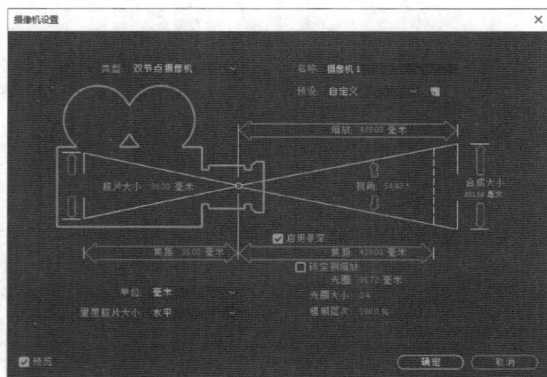

图10-79 　　　　　　　　　　　图10-80

13 选中"摄像机1"图层，展开"摄像机1"图层的"摄像机选项"属性，设置"焦距"为1200.0像素，如图10-81所示。按P键，展开"位置"属性，设置"位置"为640.0,360.0,-1521.0，如图10-82所示。

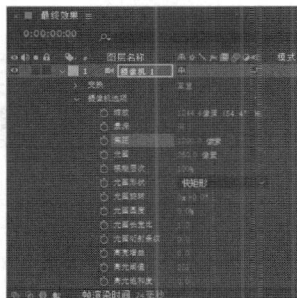

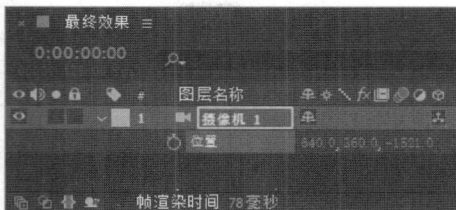

图10-81　　　　　　　　　　　　　　　　图10-82

14 单击"位置"左侧的"关键帧自动记录器"按钮🕙，如图10-83所示，记录第1个关键帧。将时间标签放置在0:00:04:24的位置，设置"位置"为640.0,360.0,-42.0，如图10-84所示，记录第2个关键帧。

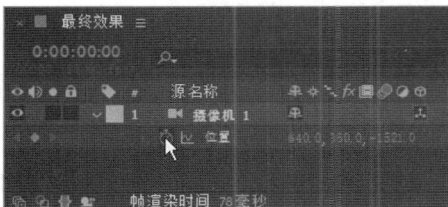

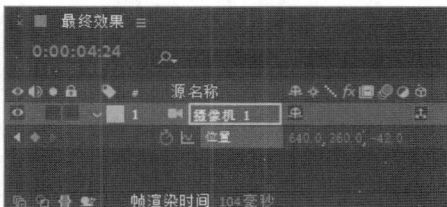

图10-83　　　　　　　　　　　　　　　　图10-84

15 选择"文件 > 导入 > 文件"命令，弹出"导入文件"对话框，选择学习资源中的"项目10\制作偏旁部首穿梭动画\（Footage）\02.jpg"文件，单击"导入"按钮，将文件导入"项目"面板。

16 在"项目"面板中，选中"02.jpg"文件，将其拖曳到"时间轴"面板中，图层的排列顺序如图10-85所示。"合成"面板中的效果如图10-86所示。偏旁部首穿梭动画制作完成。

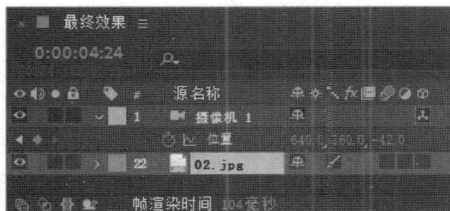

图10-85　　　　　　　　　　　　　　　　图10-86

任务知识

10.2.1 创建摄像机

创建摄像机的方法很简单，选择"图层 > 新建 > 摄像机"命令，或按Ctrl+Shift+Alt+C快捷键，在弹出的对话框中进行设置，如图10-37所示，单击"确定"按钮完成创建。

名称： 设置摄像机的名称。

预设： 设置摄像机预设，此下拉列表中包含
9种常用的摄像机镜头，有标准的"35毫米"镜
头、"15毫米"广角镜头、"200毫米"长焦镜头
以及自定义镜头等。

单位： 确定在"摄像机设置"对话框中使用的
参数单位，有"像素""英寸""毫米"3个选项。

量度胶片大小： 确定"胶片大小"的基准方
向，有"水平""垂直""对角"3个选项。

图10-87

缩放： 设置摄像机到图像的距离。值越大，
通过摄像机显示的图层就会越大，视野也就越小。

视角： 设置视角。值越大，视野越宽，相当于广角镜头；值越小，视野越窄，相当于长焦镜头。此
参数会和"焦距""胶片大小""缩放"3个值互相影响。

焦距： 设置焦距，指的是胶片和镜头之间的距离。焦距短，就是广角效果；焦距长，就是长焦
效果。

启用景深： 控制是否打开景深功能。常配合"焦距""光圈""光圈大小""模糊层次"参数
使用。

焦距：设置焦点距离，确定从摄像机到图像最清晰位置的距离。

光圈：设置光圈大小。在After Effects 2024中，光圈大小与曝光没有关系，仅影响景深。值越大，
图像前后清晰的范围就越小。

光圈大小：调节焦距与光圈的比例。此参数与"光圈"互相影响，同样影响景深的模糊程度。

模糊层次：控制景深的模糊程度。值越大，越模糊，值为0%则不进行模糊处理。

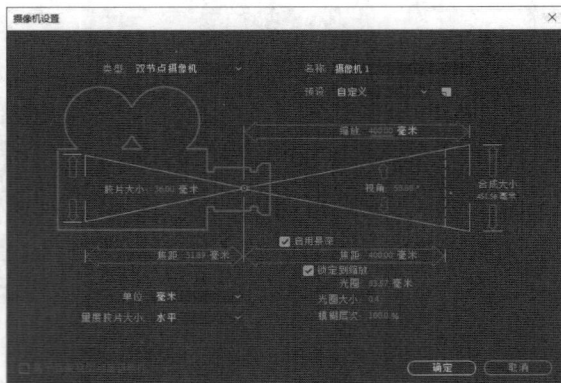

10.2.2 摄像机和灯光的入点与出点

在"时间轴"面板默认状态下，新建的摄像机和灯光的入点和出点就是合成项目的入点和出点，即
作用于整个合成项目。为了设置多个摄像机或多个灯光在不同时间段起作用，可以修改摄像机或灯光的
入点和出点，改变其持续时间，就像对待其他普通素材图层一样，这样就可以方便地实现多个摄像机或
多个灯光在不同时间的切换，如图10-88所示。

图10-88

项目实践　**制作糖画宣传片**

项目要点　使用"导入"命令导入图片，使用"色阶"命令调整视频画面的亮度，使用"投影"命令添加投影效果，使用"3D图层"按钮制作三维效果，使用"Y轴旋转"属性和"不透明度"属性制作文字出场动画。最终效果参考学习资源中的"项目10\制作糖画宣传片\制作糖画宣传片.aep"，如图10-89所示。

图10-89

课后习题　**制作春茶宣传片**

习题要点　使用"色相/饱和度"命令调整视频画面的色调，使用"色阶'命令调整视频画面的亮度，使用"摄像机"命令添加摄像机。最终效果参考学习资源中的"项目10\制作春茶宣传片\制作春茶宣传片.aep"，如图10-90所示。

图10-90

项目 11

渲染与输出

影片制作完成后，还需要进行渲染和输出，渲染和输出的好坏将直接影响影片的质量。本项目旨在帮助读者掌握 After Effects 2024中的渲染与输出功能。通过对本项目的学习，读者可以掌握渲染与输出的方法和技巧。

学习目标
- ●掌握渲染的方式
- ●熟悉输出的方式

技能目标
- ●掌握"生成影视作品的预演"的方法
- ●掌握"输出不同格式的文件"的方法

素养目标
- ●培养提高作品专业性的责任感
- ●培养关注技术细节的习惯，从而提高专业水平

任务11.1　掌握渲染的方式

渲染是整个影视制作过程中相当关键的一步。即使前面制作得再精妙，如果渲染不成功，也会直接导致操作的失败，渲染直接影响着影片最终呈现的效果。

After Effects 2024可以将合成项目渲染输出成视频文件、音频文件或者序列图片等。输出的方式有两种：一种是选择"文件 > 导出"命令，直接输出单个的合成项目；另一种是选择"合成 > 添加到渲染队列"命令，将一个或多个合成项目添加到"渲染队列"面板中，然后输出，如图11-1所示。

图11-1

其中，通过"文件 > 导出"命令输出时，可选的格式和解码方式较少；通过"渲染队列"面板输出时，可以进行非常高级的专业控制，还支持更多格式和解码方式。本任务主要探讨如何使用"渲染队列"面板进行输出。

任务实践　生成影视作品的预演

任务目标　学习使用"渲染队列"面板生成影视作品的预演。

任务要点　使用"打开项目"命令打开文件，使用"渲染队列"面板渲染文件。最终效果参考学习资源中的"项目11\生成影视作品的预演\生成影视作品的预演.aep"，如图11-2所示。

图11-2

任务操作

01 选择"文件 > 打开项目"命令，在弹出的"打开"对话框中，选择学习资源中的"项目11\生成影视作品的预演\生成影视作品的预演.aep"文件，如图11-3所示，单击"打开"按钮，将选中的文件打开。"合成"面板中的效果如图11-4所示。

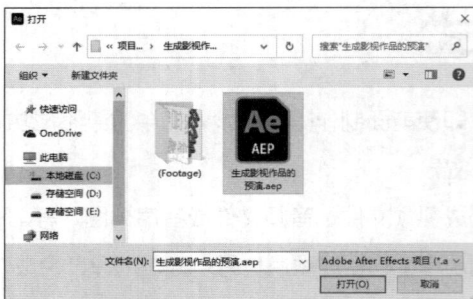

图11-3

图11-4

02 选择"合成 > 添加到渲染队列"命令，打开"渲染队列"面板，如图11-5所示。

图11-5

03 单击"输出到"右侧的"尚未指定"，在弹出的"将影片输出到："对话框中，选择要保存文件的位置，并设置文件的名称，单击"保存"按钮，返回"渲染队列"面板。单击"渲染"按钮，渲染文件，如图11-6所示。

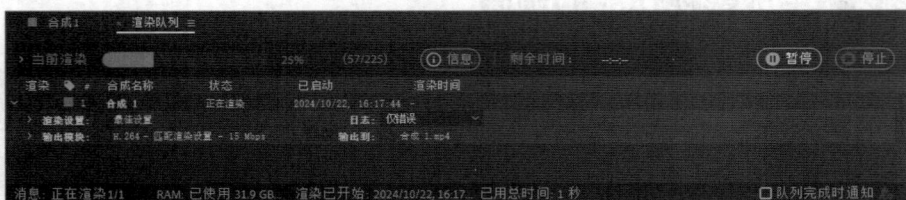

图11-6

04 渲染完成后，可以到保存的位置查看文件，如图11-7所示。影视作品的预演生成完成。

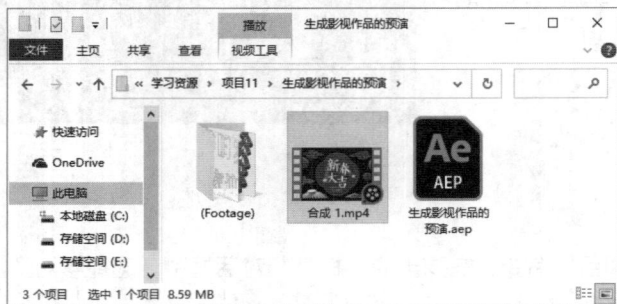

图11-7

任务知识

11.1.1 "渲染队列"面板

在"渲染队列"面板中可以控制整个渲染进程，调整合成项目的渲染顺序，设置合成项目的渲染质量、输出格式和路径等。将项目添加到渲染队列时，"渲染队列"面板将自动打开，如果不小心关闭了，可以选择"窗口 > 渲染队列"命令，或按Ctrl+Alt+0快捷键，再次打开此面板。

单击"当前渲染"左侧的小箭头按钮，展开信息，如图11-8所示，可以看到主要包括当前正在渲染的合成项目的进度、正在执行的操作、已用总时间、估计大小、剩余时间、可用空间等。

图11-8

渲染队列区如图11-9所示。

图11-9

需要渲染的合成项目都逐一排列在渲染队列区，在此，可以设置项目的"渲染设置"、"输出模块"（如输出模式、格式和解码方式等）和"输出到"（如文件名和保存位置）等。

渲染：设置是否进行渲染操作，只有勾选上的合成项目会被渲染。

: 标签颜色，用于区分不同类型的合成项目，方便用户识别。

#: 队列序号，决定渲染的顺序，可以通过上下拖曳合成项目来改变渲染顺序。

合成名称：显示合成项目名称。

状态：显示当前状态。

已启动：显示渲染开始的时间。

渲染时间：显示渲染所花费的时间。

单击"渲染设置"和"输出模块"左侧的小箭头按钮展开具体设置信息，如图11-10所示。单击右侧的按钮可以选择已有的预置设置，单击当前设置标题，可以打开对应的设置对话框。

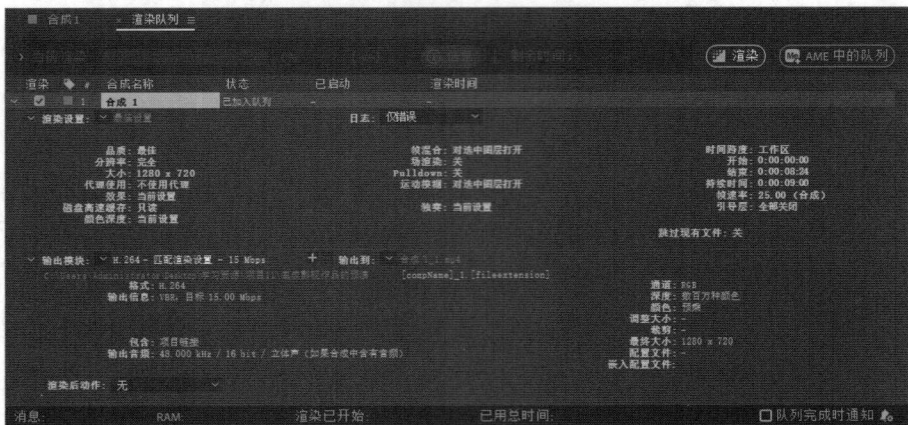

图11-10

11.1.2 渲染设置

单击"渲染设置"右侧的"最佳设置",弹出"渲染设置"对话框,如图11-11所示。

（1）合成组设置区如图11-12所示。

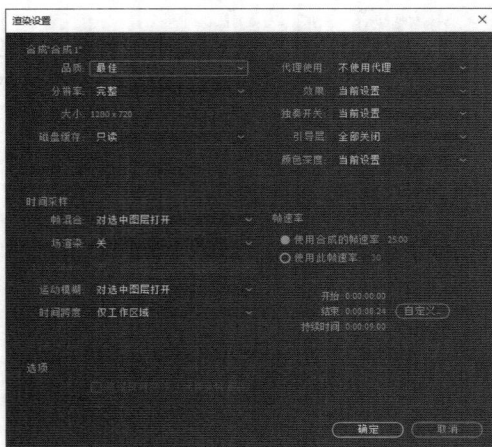

图11-11

图11-12

品质: 用于图层质量设置,包含4个选项,"当前设置"表示采用各图层当前的设置,即根据"时间轴"面板中各图层属性开关面板上的图层画质设定而定;"最佳"表示全部采用最好的质量（忽略各图层的质量设置）;"草图"表示全部采用粗略质量（忽略各图层的质量设置）;"线框"表示全部采用线框模式（忽略各图层的质量设置）。

分辨率: 设置像素采样质量,如完整、二分之一、三分之一和四分之一;另外,用户还可以通过选择"自定义"选项,在弹出的"自定义分辨率"对话框中自定义分辨率。

磁盘缓存: 决定是否采用"首选项"对话框中"媒体和磁盘缓存"选项卡中的缓存设置,如图11-13所示。如果选择"只读",则表示不采用当前"首选项"对话框里的设置,而且在渲染过程中,不会有任何新的帧被写入缓存。

代理使用：指定是否使用代理素材。选择"当前设置"选项，表示采用当前"项目"面板中各素材当前的设置；选择"使用所有代理"选项，表示全部使用代理素材进行渲染；选择"仅使用合成的代理"选项，表示只对合成项目使用代理素材；选择"不使用代理"选项，表示全部不使用代理素材。

效果：指定是否使用效果滤镜。选择"当前设置"选项，表示采用当前"时间轴"面板中各个效果当前的设置；选择"全部开启"选项，表示启用所有效果滤镜，即使某些滤镜处于暂时关闭状态；选择"全部关闭"选项，表示关闭所有效果滤镜。

独奏开关：指定是否只渲染"时间轴"面板中"独奏"开关 处于开启状态的图层，如果选择"全部关闭"选项，则代表不考虑独奏开关。

引导层：指定是否只渲染参考图层。

颜色深度：选择色深。如果是标准版的After Effects，则设有"每通道8位"、"每通道16位"、"每通道32位"及"当前设置"这4个选项。

（2）"时间采样"设置区如图11-14所示。

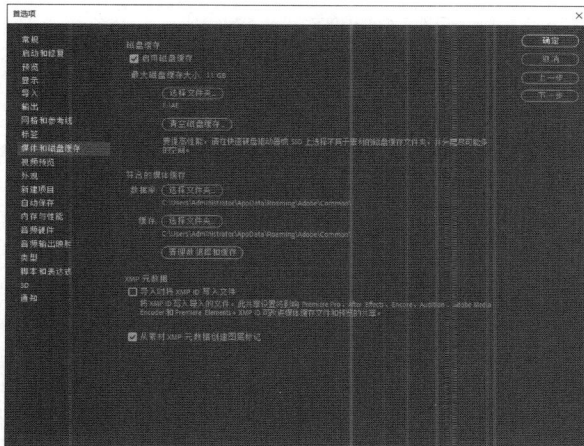

图11-13

图11-14

帧混合：指定是否采用"帧混合"模式。选择"当前设置"选项，表示根据当前"时间轴"面板中的"帧混合开关" 的状态和各个图层"帧混合模式" 的状态，决定是否使用"帧混合"模式；选择"对选中图层打开"选项，表示忽略"帧混合开关" 的状态，对所有设置了"帧混合模式" 的图层应用"帧混合"模式；选择"对所有图层关闭"选项，表示不启用"帧混合"模式。

场渲染：指定是否采用场渲染方式。选择"关"选项，表示渲染成不含场的视频；选择"高场优先"选项，表示渲染成高场优先的含场的视频；选择"低场优先"选项，表示渲染成低场优先的含场的视频。

3：2 Pulldown：决定3：2下拉的引导相位法。

运动模糊：指定是否采用"运动模糊"效果。选择"当前设置"选项，表示根据当前"时间轴"面板中"运动模糊开关" 的状态和各个图层"运动模糊" 的状态，决定是否使用"运动模糊"效果；选择"对选中图层打开"选项，表示忽略"运动模糊开关" 的状态，对所有设置了"运动模糊" 的图层应用"运动模糊"效果；选择"对所有图层关闭"选项，表示不启用"运动模糊"效果。

时间跨度： 定义当前合成项目渲染的时间范围。选择"合成长度"选项，表示渲染整个合成项目，也就是合成项目设置了多长的持续时间，输出的影片就有多长时间；选择"仅工作区域"选项，表示根据时间线中设置的工作环境范围来设定渲染的时间范围（按B键，工作环境范围开始；按N键，工作环境范围结束）；选择"自定义"选项，表示自定义渲染的时间范围。

使用合成的帧速率： 使用合成项目中设置的帧速率。

使用此帧速率： 使用此处设置的帧速率。

（3）"选项"设置区如图11-15所示。

图11-15

跳过现有文件（允许多机渲染）： 勾选此复选框将自动忽略已存在的序列图片，即忽略已经渲染过的序列帧图片，此功能主要用在网络渲染时。

11.1.3 输出模块设置

渲染设置完成后，进行输出模块设置，主要设定输出的格式和解码方式等。单击"输出模块"右侧的"无损"，弹出"输出模块设置"对话框，如图11-16所示。

（1）基础设置区如图11-17所示。

格式： 用于设置输出的文件格式，包括H.264、AVI等视频格式，JPEG序列等序列图格式，WAV等音频格式，非常丰富。

渲染后动作： 指定After Effects 2024是否使用刚渲染的文件作为素材或者代理素材。选择"导入"选项，表示渲染完成后自动将刚渲染的文件作为素材置入当前项目；选择"导入和替换用法"选项，表示渲染完成后自动置入项目替代合成项目，包括这个合成项目被嵌入其他合成项目的情况；选择"设置代理"选项，表示渲染完成后作为代理素材置入项目。

（2）视频设置区如图11-18所示。

视频输出： 控制是否输出视频信息。

通道： 用于选择输出的通道。包括"RGB"（3个色彩通道）、"Alpha"（仅输出Alpha通道）和"RGB+Alpha"（三色通道和Alpha通道）3个选项。

图11-16

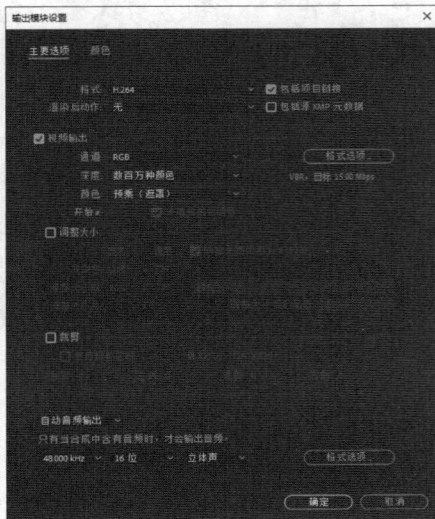

图11-18

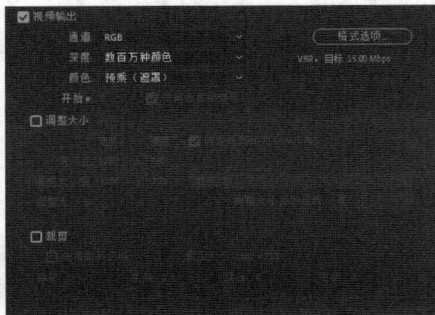

图11-17

深度： 选择颜色深度。

颜色： 指定输出的视频包含的Alpha通道为哪种模式，有"直接（无遮罩）"模式和"预乘（遮罩）"模式两种。

开始#： 当输出的格式选择的是序列图时，在这里可以指定序列图的文件名序列数。为了将来识别方便，也可以勾选"使用合成帧编号"复选框，让输出的序列图片数字成为其帧编号。

格式选项： 选择视频的编码方式。虽然之前确定了输出的格式，但是每种文件格式中又有多种编码方式，不同的编码方式会生成完全不同质量的影片，最后产生的文件量也会有所不同。

锁定长宽比为： 控制是否强制高宽比为特殊比例。

调整大小： 控制是否对画面进行缩放处理。

调整大小到： 设置缩放的具体尺寸，也可以在右侧的预置列表中直接选择。

调整大小后的品质： 选择缩放质量。

裁剪： 控制是否裁剪画面。

使用目标区域： 勾选此复选框，仅采用"合成"面板中的目标区域工具□确定的画面区域。

顶部、左侧、底部、右侧： 分别用于设置上、左、下、右4边被裁剪掉的像素尺寸。

（3）音频设置区如图11-19所示。

音频输出： 设置是否输出音频信息。

格式选项： 设置音频的编码方式，也就是用什么压缩方式压缩音频信息。

图11-19

音频质量设置： 设置声音的采样频率、位深度、声道类型（立体声或单声道）。

11.1.4 渲染和输出的预置

用户可以将常用的一些设置存储为自定义的预置，以后进行输出操作时，只需单击█按钮，在弹出的下拉列表中进行选择。

打开"渲染设置模板"和"输出模块模板"对话框（如图11-20和图11-21所示）的命令分别是"编辑 > 模板 > 渲染设置"和"编辑 > 模板 > 输出模块"。

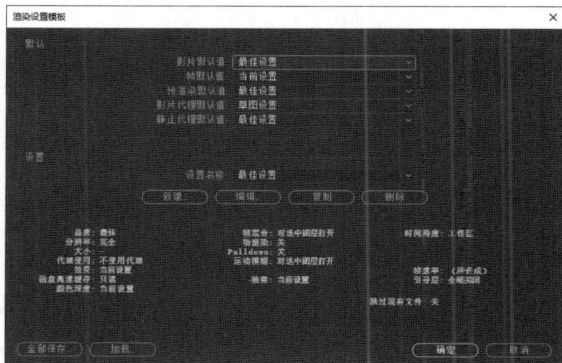

图11-20

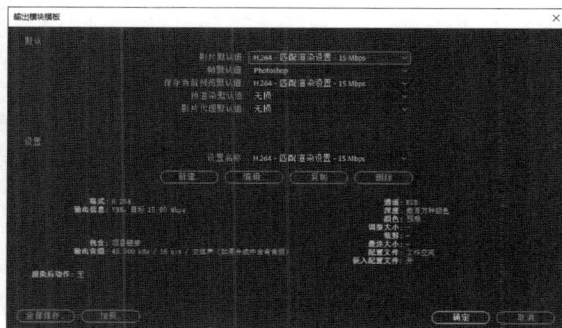

图11-21

11.1.5 编码和解码问题

完全不压缩的视频和音频的数据量是非常庞大的，因此在输出时需要通过特定的压缩技术对数据进行压缩处理，以减小最终的文件，便于传输和存储。

就文件的格式来讲，对于微软Windows系统中的通用视频格式AVI，现在流行的编码和解码方式有XviD、MPEG-4 Part 2、DivX、MSDV等；对于苹果公司的QuickTime视频格式MOV，比较流行的编码和解码方式有MPEG-4 Part 2、H.264、Sorenson Video等。

在输出时，最好选择普遍的编码器和文件格式，或者目标客户平台共有的编码器和文件格式，否则，在其他播放环境中播放时，会因为缺少解码器或相应的播放器而无法看到视频画面或者听到声音。

任务11.2 熟悉输出的方式

可以将设计制作好的视频进行输出，如输出标准视频、输出合成项目中的某一帧、输出序列图片、输出胶片文件、输出Flash格式文件等。

任务实践 输出不同格式的文件

任务目标 学习使用"渲染队列"面板输出作品。

任务要点 使用"打开项目"命令打开文件，使用"渲染队列"面板输出文件。最终效果参考学习资源中的"项目11\输出不同格式的文件\输出不同格式的文件.aep"，如图11-22所示。

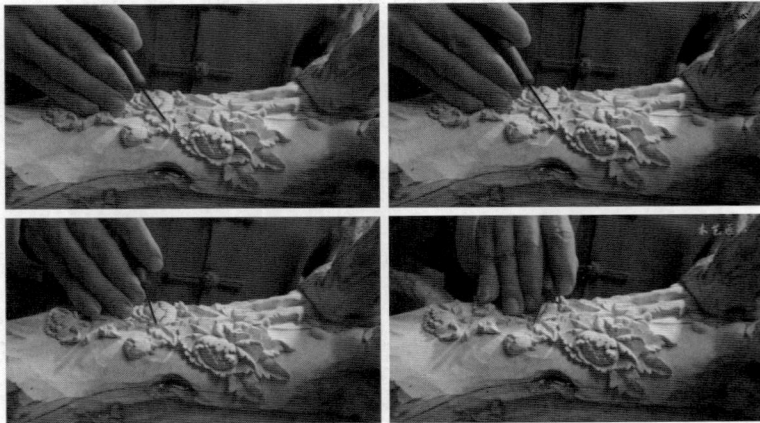

图11-22

任务操作

01 选择"文件 > 打开项目"命令，在弹出的"打开"对话框中，选择学习资源中的"项目11\输出不同格式的文件\输出不同格式的文件.aep"文件，如图11-23所示，单击"打开"按钮，将选中的文件打开。"合成"面板中的效果如图11-24所示。

图11-23

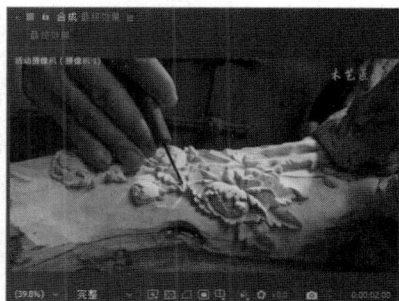

图11-24

02 选择"合成 > 添加到渲染队列"命令，打开"渲染队列"面板，如图11-25所示。

图11-25

03 单击"输出模块"右侧的"H.264-匹配渲染设置-15Mbps"，弹出"输出模块设置"对话框，在"格式"下拉列表中选择"AVI"选项，其他选项的设置如图11-26所示，单击"确定"按钮，返回"渲染队列"面板。

04 单击"输出到"右侧的"尚未指定"，在弹出的"将影片输出到："对话框中，选择要保存文件的位置，并设置文件的名称，如图11-27所示。单击"保存"按钮，返回"渲染队列"面板。

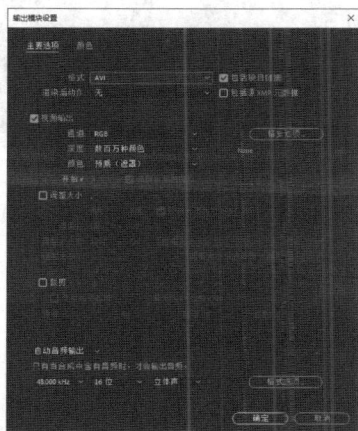

图11-26

图11-27

05 单击"渲染"按钮，渲染文件，如图11-28所示。

图11-28

06 渲染完成后，可以到保存的位置查看文件，如图11-29所示。

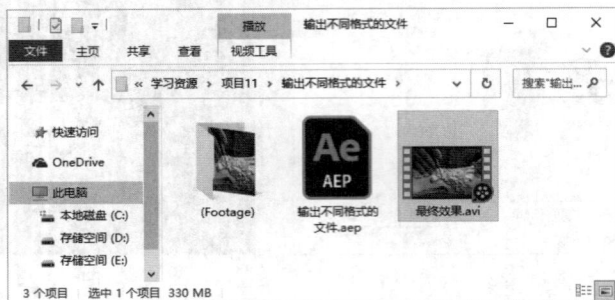

图11-29

任务知识

11.2.1 输出标准视频

01 在"项目"面板中，选择需要输出的合成项目。

02 选择"合成 > 添加到渲染队列"命令，或按Ctrl+M快捷键，将合成项目添加到渲染队列中。

03 在"渲染队列"面板中进行渲染属性、输出模块和输出路径的设置。

04 单击"渲染"按钮开始渲染文件，如图11-30所示。

图11-30

　　如果需要将此合成项目渲染成多种格式的文件，可以在第（3）步之后，选择"合成 > 添加输出组件"命令，添加输出格式并指定另一个输出文件的路径及名称，这样可以方便地做到一次创建，任意发布。

11.2.2 输出合成项目中的某一帧

01 在"时间轴"面板中，移动时间标签到目标帧。

02 选择"合成 > 帧另存为 > 文件"命令，或按Ctrl+Alt+S快捷键，添加渲染任务到"渲染队列"面板。

03 单击"渲染"按钮开始渲染文件。

　　另外，如果选择"合成 > 帧另存为 > Photoshop图层"命令，则直接打开文件存储对话框，选择好保存路径、设置好文件名即可完成单帧画面的输出。

项目 12

商业案例实训

本项目介绍多个领域商业案例的实际应用，体现出After Effects 2024强大的应用功能。通过学习本项目的案例，读者可以快速地掌握制作视频效果的方法和软件的技术要点，设计制作出专业的作品。

学习目标

● 掌握软件的综合应用
● 掌握各个效果的制作方法

技能目标

● 掌握广告宣传片的制作方法
● 掌握电视纪录片的制作方法
● 掌握电视栏目的制作方法
● 掌握节目片头的制作方法
● 掌握电视短片的制作方法

素养目标

● 培养良好的艺术感知和审美能力
● 培养认真倾听与交流的能力

任务12.1 掌握广告宣传片的制作方法

　　广告宣传片是信息高度集中的视频。它不局限于电视媒体，随着科技的发展，网络、楼宇LED屏、公司展厅等都成为广告宣传片播放的场所。使用After Effects 2024制作的广告宣传片灵动丰富，应用广泛。本任务以多个行业的广告宣传片为例，讲解广告宣传片的制作方法和技巧。

任务实践 制作女装广告

任务背景

瑰丽是一个致力于打造高端时尚女装的品牌，专注于为现代女性提供优雅、自信、个性化的服饰选择。现为了推广其最新的女装系列，计划制作一段时尚且抓人眼球的视频广告，通过展示该系列女装的设计风格、材质细节和穿着体验来吸引顾客。广告内容需要兼具视觉冲击力和品牌文化，进一步提升品牌形象和产品认知度。

任务要求

（1）体现品牌独特的时尚风格。

（2）结合当季的设计理念，树立优雅自信的形象。

（3）标志醒目突出，达到宣传的目的。

（4）设计风格具有特色，能够引起人们的兴趣。

（5）设计规格均为1280 px（宽）×720 px（高），像素纵横比为方形像素，帧速率为25帧/秒。

任务展示

素材所在位置：学习资源中的"项目12\制作女装广告\(Footage) \01.mp4、02.png ~ 04.png"。

作品所在位置：学习资源中的"项目12\制作女装广告\制作女装广告.aep"，效果如图12-1所示。

图12-1

任务要点

利用"位置"属性和"不透明度"属性制作动画效果，使用图层入点和出点控制画面的出场时间，使用"百叶窗"预设制作动画效果，使用"Y轴旋转"属性制作旋转动画效果。

项目实践　制作果蔬广告

项目背景

本果蔬广告旨在提高消费者对新鲜果蔬的关注，推广本地农产品，鼓励健康饮食，助力果蔬摊位销量增长。广告将以简洁生动的方式展示果蔬的品质、来源和营养价值，吸引更多消费者前来购买，形成一个良好的社区采购环境。

项目要求

（1）广告设计简明易懂，传递新鲜、健康的果蔬理念。

（2）使用鲜艳的颜色，突出果蔬的色泽与新鲜，增强吸引力。

（3）包含促销或优惠活动信息，吸引消费者回购，增强市场的消费者黏性。

（4）设计和文案要符合主要消费群体的喜好和需求，使用清晰的语言，避免过于复杂或专业的术语。

（5）设计规格均为1280 px（宽）×720 px（高），像素比为方形像素，帧速率为25帧/秒。

项目展示

素材所在位置：学习资源中的"项目12\制作果蔬广告\（Footage）\01.psd和02.mp3"。

作品所在位置：学习资源中的"项目12\制作果蔬广告\制作果蔬广告.aep"，效果如图12-2所示。

项目要点

使用"导入"命令导入素材文件，使用"缩放"属性、"位置"属性和"不透明度"属性制作动画效果，使用矩形工具制作文字动画效果。

图12-2

课后习题　制作端午节广告

习题背景

和雅是一家专注于传统文化与现代生活融合的新媒体公司，致力于将中华传统节日文化融入日常消费品中，现在需要制作一段简洁但富有传统文化气息的端午节广告，用以推广其品牌形象，并与目标受众建立情感连接。广告需表现端午节的节日氛围，同时突出品牌的独特卖点，吸引观众。

习题要求

（1）融入端午节的传统文化元素，以增强节日氛围。

（2）动画效果简洁明了，确保观众能在短时间内抓住广告的重点，留下深刻印象。

（3）以绿色为主色调，表现节日特点。

（4）设计形式多样，在细节的处理上要细致、独特。

（5）设计规格均为1280 px（宽）×720 px（高），像素比为方形像素，帧速率为25帧/秒。

习题展示

素材所在位置：学习资源中的"项目12\制作端午节广告\（Footage）\01.psd和02.mp4"。

作品所在位置：学习资源中的"项目12\制作端午节广告\制作端午节广告.aep"，效果如图12-3所示。

图12-3

习题要点

使用"百叶窗"预设和"色相/饱和度"命令制作底图动画效果，使用"色阶"命令调整图像的亮度，使用"位置"属性和"不透明度"属性制作动画效果，使用矩形工具制作蒙版动画效果。

任务12.2 掌握电视纪录片的制作方法

电视纪录片是以真实生活为创作素材、以真人真事为表现对象，通过艺术的加工，表现出事物的本质，并引发人们思考的电视艺术形式。使用After Effects 2024制作的电视纪录片形象生动、情节丰富。本任务以多个主题的电视纪录片为例，讲解电视纪录片的制作方法和技巧。

任务实践 制作《寻花之旅》纪录片

任务背景

《寻花之旅》是一部聚焦花卉文化与人文风貌的纪录片，通过深入探访多个花卉盛开的美丽地点，讲述人与花卉之间的深厚情感和文化传承。纪录片旨在展示每个地方独特的花卉资源、栽培技术及其背后蕴含的历史和风俗，通过影像带领观众欣赏大自然的美丽，传达对生活的热爱和对美的追求。

任务要求

（1）展示花卉的自然之美。

（2）注重画面的质感和美感，展现多样的花卉形态及色彩，形成强烈的视觉冲击力。

（3）根据花卉的自然生长周期，突出季节性特点。

（4）设计风格具有特色，能够引起人们的好奇心。

（5）设计规格均为1280 px（宽）×720 px（高），像素比为方形像素，帧速率为25帧/秒。

任务展示

素材所在位置：学习资源中的"项目12\制作《寻花之旅》纪录片\(Footage)\01.mp4～04.mp4、05.png和06.png"。

作品所在位置：学习资源中的"项目12\制作《寻花之旅》纪录片\制作《寻花之旅》纪录片.aep"，效果如图12-4所示。

图12-4

任务要点

使用横排文字工具、"字符"面板添加并设置文字，使用"不透明度"属性和关键帧制作文字的渐隐效果，使用入点和出点控制画面的出场时间。

项目实践　制作《早安城市》纪录片

项目背景

澄石生活网是一个生活信息整合平台，为人们提供餐饮、购物、娱乐、健身、医院、银行等生活信息的一站式查询服务。现在需要为该平台制作《早安城市》纪录片，展现城市在日出时分的美丽瞬间以及人们一天的开始，体现出城市独特的文化、人们的生活节奏和精神面貌。

项目要求

（1）以城市早晨为主题，展现城市风貌，覆盖景观、街道、建筑等方面。

（2）以自然光线为主，捕捉柔和的晨光，创造宁静而富有生机的视觉效果。

（3）通过纪录片表达城市早晨的活力，传递温暖和积极的生活态度。

（4）通过多个片段依次展示不同风景，形成对比和共鸣。

（5）设计规格均为1280 px（宽）×720 ox（高），像素比为方形像素，帧速率为25帧/秒。

项目展示

素材所在位置：学习资源中的"项目12\制作《早安城市》纪录片\(Footage)\01.mp4～03.mp4"。

作品所在位置：学习资源中的"项目12\制作《早安城市》纪录片\制作《早安城市》纪录片.aep"，效果如图12-5所示。

项目要点

使用横排文字工具和"字符"面板添加并设置文字，利用"位置"属性和"不透明度"属性制作文字动画，使用"照片滤镜"命令和"色阶"命令调整视频画面的色调，利用"缩放"属性调整视频画面的大小。

图12-5

课后习题 制作博物馆纪录片

习题背景

博物馆纪录片旨在深入探索博物馆所承载的历史、文化与艺术价值，展现其丰富的藏品和隐藏的故事。通过镜头讲述馆藏文物、艺术品及展览的历史背景与意义。这部纪录片将带领观众走进博物馆的内部，感受历史与现代的对话，激发观众对文化遗产的兴趣和求知欲。

习题要求

（1）保持高清画质，光线处理要自然，突出展品的细节。

（2）叙述连贯、节奏分明，逐步展示博物馆内的展品。

（3）字幕简洁清晰，传达展品的历史意义和文化价值。

（4）保持与博物馆主题一致的艺术风格和色调。

（5）设计规格均为1280 px（宽）×720 px（高），像素比为方形像素，帧速率为25帧/秒。

习题展示

素材所在位置：学习资源中的"项目12\制作博物馆纪录片\（Footage）\01.mpeg~09.mpeg、10.png和11.mp3"。

作品所在位置：学习资源中的"项目12\制作博物馆纪录片\制作博物馆纪录片.aep"，效果如图12-6所示。

习题要点

使用"导入"命令导入素材文件，使用入点和出点控制画面的出场时间，使用

图12-6

"块溶解-扫描线"预设制作动画效果，使用"移除颗粒"命令移除视频中的杂质。

任务12.3　掌握电视栏目的制作方法

电视栏目是有固定名称、固定播出时间、固定栏目宗旨，每期播出不同内容的节目，它能给人们带来信息、知识、欢乐等。本任务以多个主题的电视栏目为例，讲解电视栏目的构思方法和制作技巧。

任务实践　制作《爱上美食》栏目

任务背景

时光传媒是一家专注于新媒体内容创作与传播的公司，致力于通过创新的视觉与叙事手法，帮助品牌和个人有效传达其故事和价值。该公司现要制作《爱上美食》栏目，旨在通过精彩的美食内容吸引广大观众，推广各地特色美食和饮食文化。栏目希望通过生动的视觉效果呈现和深入的故事讲述，让观众感受到美食背后的文化与情感，激发他们对美食的热爱和探索欲望。

任务要求

（1）使用温暖的橙色作为背景。

（2）采用几何图形进行装饰，增添活力与营造温暖的氛围。

（3）确保画面美观，声音与画面适配，提升观众的观赏体验。

（4）表现栏目特色，整体设计搭配合理，并且富有变化。

（5）设计规格均为1280 px（宽）×720 px（高），像素比为方形像素，帧速率为25帧/秒。

任务展示

素材所在位置：学习资源中的"项目12\制作《爱上美食》栏目\（Footage）\01.mp4～03.mp4、04.psd"。

作品所在位置：学习资源中的"项目12\制作《爱上美食》栏目\制作《爱上美食》栏目.aep"，效果如图12-7所示。

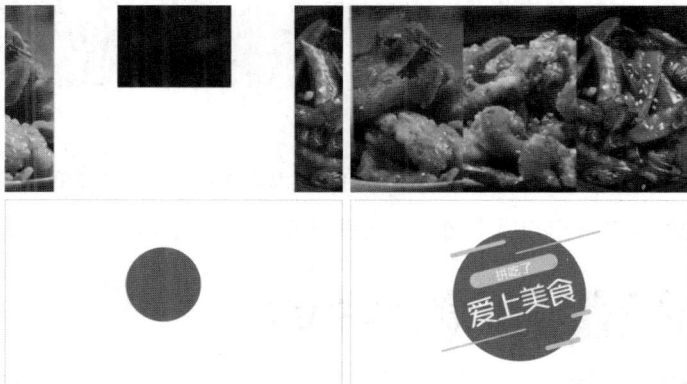

图12-7

任务要点

利用"时间轴"面板控制动画的入点和出点，使用"缩放"属性、"旋转"属性和"不透明度"属性制作美食动画效果，使用"纯色"命令新建一个纯色图层，使用椭圆工具和关键帧制作美食蒙版效果。

项目实践　制作《手艺人生》栏目

项目背景

《手艺人生》栏目旨在通过镜头记录我国传统手工艺的传承与创新，展示手工艺人的技艺与生活故事。随着现代社会的快速发展，许多传统手工艺面临失传的危机，本栏目不仅是对手工艺品制作过程的记录，更关注手工艺背后的文化、情感和工匠精神，呼吁更多人关注和参与非物质文化遗产的保护和传承。

项目要求

（1）涵盖多种传统手工艺，突出手工艺的地域特色和文化底蕴。

（2）镜头语言简洁、质朴，凸显手工艺本身的细腻和工匠的专注。

（3）注重手工艺品的质感表现，镜头应捕捉光影变化，营造视觉美感。

（4）以温暖自然的色调为主，突出手工艺品的质感和文化底蕴。

（5）设计规格均为1280 px（宽）×720 px（高），像素比为方形像素，帧速率为25帧/秒。

项目展示

素材所在位置：学习资源中的"项目12\制作《手艺人生》栏目\（Footage）\01.mp4～05.mp4、06.png和07.mp3"。

作品所在位置：学习资源中的"项目12\制作《手艺人生》栏目\制作《手艺人生》栏目.aep"，效果如图12-8所示。

图12-8

项目要点

利用"时间轴"面板控制动画的入点和出点，使用"渐变擦除"命令和"百叶窗"命令制作视频切换效果，使用矩形工具制作文字动画效果，使用"色相/饱和度"命令调整整体效果的饱和度。

课后习题　制作读书栏目

习题背景

数字媒体的发展，使得人们的阅读习惯发生变化。为了激发人们的阅读热情，现计划制作一个专注于读书的栏目。该栏目将通过多样化的内容和有趣的形式，帮助观众发现好书，分享阅读的乐趣，提升自身的阅读素养，并探索文学作品背后的文化和情感。

习题要求

（1）整体视觉风格采用温暖柔和的色调，营造书香气息。

（2）通过多角度拍摄，并使用特写镜头来捕捉书籍的细节。

（3）字幕简洁易读。

（4）后期剪辑自然流畅，保证节奏感和观众的观看体验。

（5）设计规格均为1280 px（宽）×720 px（高），像素比为方形像素，帧速率为25帧/秒。

习题展示

素材所在位置：学习资源中的"项目
12\制作读书栏目\（Footage）\01.mp4
～04.mp4、05.png和06.mp3"。

作品所在位置：学习资源中的"项
目12\制作读书栏目\制作读书栏
目.aep"，效果如图12-9所示。

习题要点

使用"导入"命令导入素材文件，利用
"时间轴"面板控制动画的入点和出

图12-9

点，使用"时间伸缩"命令调整视频的播放速度，使用"调整图层"命令和"颜色平衡"命令调整视频
画面的整体色调，使用"不透明度"属性制作文字动画。

任务12.4 掌握节目片头的制作方法

节目片头是节目的"开场戏"，旨在吸引观众、宣传内容、突出特点。本任务以多个主题的节目片
头为例，讲解节目片头的构思方法和制作技巧。

任务实践 制作旅行节目片头

任务背景

随着旅游业的复苏和人们对生活品质日益增加的需求，制作一档吸引人的旅行节目显得尤为重要。此节
目旨在通过展示不同地域的文化、风景和美食，激发观众对旅行的向往。片头需通过视觉和听觉的双重
冲击，引导观众进入丰富多彩的旅行世界，使观众产生期待。

任务要求

（1）采用多角度动态镜头展示不同的旅行场景。

（2）加入节目名称和主题，文字易读且与整体风格相符。

（3）使用流畅的转场效果，确保视觉上的连贯性。

（4）设计风格具有特色，能够引起观众的兴趣。

（5）设计规格均为1280 px（宽）×720 px（高），像素比为方形像素，帧速率为25帧/秒。

任务展示

素材所在位置：学习资源中的"项目
12\制作旅行节目片头\（Footage）\
01.mp4～06.mp4和07.mp3"。

作品所在位置：学习资源中的"项目
12\制作旅行节目片头\制作旅行节目片
头.aep"，效果如图12-10所示。

图12-10

任务要点

利用"导入"命令导入素材文件，使用
"缩放"属性制作文字动画，使用矩形
工具制作蒙版效果，使用入点和出点控制动画的出场时间。

项目实践 制作茶艺节目片头

项目背景

茶说是一家专注于生产和销售中式茶叶的公司，致力于传承和发扬茶文化，为消费者提供高质量的中式
茶叶产品。该公司为了更好地宣传产品，需要制作一档相关节目。现设计制作茶艺节目片头，要求在设
计中体现出传统茶文化的特点以及公司特色。

项目要求

（1）使用水墨风格图片作为背景，起到衬托的作用，营造氛围。

（2）以商品实物图作为主体元素，图文搭配合理。

（3）版面设计具有美感，符合品牌调性。

（4）色彩围绕产品进行设计和搭配，要舒适、自然。

（5）设计规格均为1280 px（宽）×720 px（高），像素比为方形像素，帧速率为25帧/秒。

项目展示

素材所在位置：学习资源中的"项目
12\制作茶艺节目片头\（Footage）\
01.jpg、02.mp4、03.png～06.png"。

作品所在位置：学习资源中的"项目
12\制作茶艺节目片头\制作茶艺节目片
头.aep"，效果如图12-11所示。

图12-11

项目要点

利用"不透明度"属性、"位置"属性和"缩放"属性制作动画效果，使用"色阶"命令调整图片色调，使用椭圆工具、"蒙版"属性制作文字动画。

课后习题　制作美食节目片头

习题背景

当下美食文化盛行，制作一档吸引人的美食节目能够有效满足观众对美食的渴望。该节目旨在探索各地美食的独特风味和文化背景，通过视觉和味觉的双重表达，激发观众的食欲和烹饪灵感。片头作为节目的门面，需通过生动的画面和令人愉悦的音效，引导观众进入美食的世界。

习题要求

（1）具备温暖、诱人的视觉风格，体现食物的美味与魅力。

（2）节目名称清晰易读，文字风格与美食主题相协调。

（3）选用轻快的背景音乐，提升整体观感的愉悦与舒适度。

（4）运用鲜艳的色彩突出美食的诱人外观和丰富性。

（5）设计规格均为1280 px（宽）×720 px（高），像素比为方形像素，帧速率为25帧/秒。

习题展示

素材所在位置：学习资源中的"项目12\制作美食节目片头\（Footage）\01.psd和02.mp3"。

作品所在位置：学习资源中的"项目12\制作美食节目片头\制作美食节目片头.aep"，效果如图12-12所示。

图12-12

习题要点

使用"导入"命令导入素材文件，使用入点和出点控制画面的出场时间，使用"块溶解-扫描线"预设制作动画效果，使用"移除颗粒"命令移除视频中的杂质。

任务12.5　掌握电视短片的制作方法

电视短片贴近现实，关注主流，讲求时效，是观众喜爱的一种电视艺术形式，也是当前电视频道的主体节目。本任务以多个主题的电视短片为例，讲解电视短片的构思方法和制作技巧。

任务实践 制作《最美中轴线》短片

任务背景

中轴线不仅承载着丰富的历史与文化，还展现了城市独特的美学特征。《最美中轴线》短片旨在通过画面和叙事的结合，展示中轴线上的历史遗迹、文化活动和人文风貌。通过这一则短片，希望能够加深观众对中轴线的认识并增强情感共鸣，激发观众探索城市文化的热情，体现中轴线的美与魅力。

任务要求

（1）具备优雅、文化气息浓厚的视觉风格，体现中轴线的历史底蕴与美感。

（2）多角度拍摄，结合广角镜头和特写镜头，展示不同景点和细节。

（3）运用自然柔和的色调突出文化遗址的历史感。

（4）选择具有历史感的背景音乐，营造氛围。

（5）设计规格均为1280 px（宽）×720 px（高），像素比为方形像素，帧速率为25帧/秒。

任务展示

素材所在位置：学习资源中的"项目12\制作《最美中轴线》短片\（Footage）\01.mp4～05.mp4、06.png和07.mp3"。

作品所在位置：学习资源中的"项目12\制作《最美中轴线》短片\制作《最美中轴线》短片.aep"，效果如图12-13所示。

图12-13

任务要点

使用"导入"命令导入素材文件，使用入点和出点控制画面的出场时间，使用"块溶解-数字化"预设制作文字动画，使用"亮度和对比度"命令、"色阶"命令、"曲线"命令和"色相/饱和度"命令调整视频画面的亮度和色调。

项目实践 制作大栅栏短片

项目背景

阳光假期旅游有限公司是一家专业的旅游公司，致力于带给游客丰富的旅游体验。公司决定制作大栅栏短片，深入挖掘和展示大栅栏的历史文化与人文风情。通过组织文化导览、传统手工艺体验和美食之旅，帮助游客全面了解这一历史悠久的文化街区。

项目要求

（1）深入挖掘大栅栏的历史背景和文化底蕴，展示其独特的魅力和传统价值。

（2）利用先进的拍摄和后期制作技术，提升观众的视觉体验。

（3）体现现代与传统的交融。

（4）设计规格均为1280 px（宽）×720 px（高），像素比为方形像素，帧速率为25帧/秒。

项目展示

素材所在位置：学习资源中的"项目12\制作大栅栏短片\（Footage）\01.mp4~11.mp4、12.png和13.mp3"。

作品所在位置：学习资源中的"项目12\制作大栅栏短片\制作大栅栏短片.aep"，效果如图12-14所示。

图12-14

项目要点

使用"时间轴"面板设置动画的入点和出点，利用"缩放"属性和"位置"属性制作文字动画，使用"线性擦除"命令和"高斯模糊"命令制作画面过渡效果。

课后习题　制作滑雪运动短片

习题背景

滑雪作为一项冬季运动，拥有大量爱好者。随着滑雪场地的增加和冬季旅游业的蓬勃发展，越来越多的人开始接触和享受滑雪运动。本短片旨在通过生动的画面，展示滑雪运动的魅力、技巧与乐趣，鼓励更多人参与这项运动，提升大众对滑雪文化的认知和热爱。

习题要求

（1）整体风格充满动感，体现滑雪运动的活力。

（2）多角度拍摄，包括滑雪者的特写镜头、全景镜头和动作捕捉。

（3）运用明亮的色调突出滑雪装备、雪景及运动员的活力。

（4）选择积极、动感的背景音乐，增强短片的氛围。

（5）设计规格均为1280 px（宽）×720 px（高），像素比为方形像素，帧速率为25帧/秒。

习题展示

素材所在位置：学习资源中的"项目12\制作滑雪运动短片\ (Footage) \01.mp4～05.mp4、06.png和07.mp3"。

作品所在位置：学习资源中的"项目12\制作滑雪运动短片\制作滑雪运动短片.aep"，效果如图12-15所示。

图12-15

习题要点

使用"时间轴"面板设置动画的入点和出点，使用"缩放"属性制作文字动画，使用"百叶窗"命令制作过渡效果，使用"Lumetri颜色"命令调整视频画面的整体色调。